FORSCHUNGSBERICHT DES LANDES NORDRHEIN-WESTFALEN

Nr. 3047 / Fachgruppe Physik/Chemie/Biologie

Herausgegeben vom Minister für Wissenschaft und Forschung

Prof. Dr. rer. nat. Ludwig Hempel
Institut für Geographie
Westfälische Wilhelms-Universität Münster

Studien über fossile und rezente
Verwitterungsvorgänge im Kalkgestein
sowie über die Bedeutung
von Gesteinsporositäten und -farbe
auf der Insel Fuerteventura (Islas Canarias)

Springer Fachmedien Wiesbaden GmbH 1981

CIP-Kurztitelaufnahme der Deutschen Bibliothek

Hempel, Ludwig:
Studien über fossile und rezente Verwitterungsvorgänge im Kalkgestein sowie über die Bedeutung von Gesteinsporositäten und -farbe auf der Insel Fuerteventura (Islas Canarias) / Ludwig Hempel. - Opladen : Westdeutscher Verlag, 1981.

(Forschungsberichte des Landes Nordrhein-Westfalen ; Nr. 3047 : Fachgruppe Physik, Chemie, Biologie)
ISBN 978-3-531-03047-0
NE: Nordrhein-Westfalen: Forschungsberichte des Landes ...

© 1981 by Springer Fachmedien Wiesbaden
Ursprünglich erschienen bei Westdeutscher Verlag GmbH, Opladen 1981
Gesamtherstellung: Westdeutscher Verlag
ISBN 978-3-531-03047-0     ISBN 978-3-663-19721-8 (eBook)
DOI 10.1007/978-3-663-19721-8

Inhalt
---

1. Aufgabe ........................................... 5
2. Kurzer Abriß über die physiogeographische Lage Fuerteventuras ...................................... 6
3. Beobachtungen und Ergebnisse ...................... 7
   3.1 Verwitterungsvorgänge und -formen der Vorzeit ................................. 7
   3.2 Verwitterungsvorgänge und -formen der Gegenwart ............................... 9
   3.2.1 Messungen zur Schuttbildung an der Gesteinsoberfläche ......................... 9
   3.2.2 Messungen zur Schuttbildung im Inneren des Gesteins ................................ 13
   3.2.3 Vergrusung .................................. 17
   3.3 Einige Aspekte der chemischen Verwitterung . 17
4. Zur Frage der Wärmeleitfähigkeit eines Gesteins in Abhängigkeit von Porosität und Farbe .......... 18
5. Zusammenfassung und geomorphologische Aspekte Resumen .......................................... 23
6. Literatur ........................................ 27
7. Abbildungen ...................................... 29

## 1. Aufgabe

In Fortsetzung früherer Arbeiten (1978; 1980 a u. b), insbesondere der über die fossilen und rezenten Verwitterungsvorgänge und -formen im Vulkangestein der Insel Fuerteventura (Islas Canarias), wurde 1980 das Kalkgestein der Insel mit derselben Fragestellung untersucht. Die Kalke stellen arealmäßig den kleineren Anteil an den Gesteinen der Insel (vgl. auch ROTHE, 1968). So hatten sie regional einen geringeren Stellenwert für die Studien.

Im Laufe der Untersuchungen allerdings ergaben sich besondere Forschungsgesichtspunkte. Beim Vergleich der Temperaturgänge am und im Kalkgestein mit denen benachbarter Basalte, Tuffe und Phonolithe kam es zu einer neuen Fragestellung, die in Kurzform heißt: Porosität und Farbe der Gesteine und ihr Einfluß auf die Insolationsverwitterung. Zeitlich konnten diese nicht vorgeplanten Beobachtungen ohne Schwierigkeiten umfassend und abschließend für das Arbeitsgebiet bewältigt werden, da die für die Vulkangesteine Basalt, Tuff und Phonolith so vielfältig differenzierten Versuchsanordnungen - alle drei Gesteine mit und ohne fossile Krusten - in unmittelbarer Nachbarschaft zu den Kalken angetroffen wurden.

Beim Kalkgestein handelt es sich nach den Analysen von MÜLLER (1969) und TIETZ (1969) um einen Biokalkarenit. Von den verschiedenen Kalkareniten ist es jener, der sich durch sehr langsame Zementation und Rekristallisation infolge größerer Meerferne auszeichnet. Die Lösungen wurden ascendent und descendent geliefert. Kalzit herrscht vor. Überdies sind feine Basaltsande mehr oder weniger reich beigemengt. Intergranularer offener Porenraum ist reichlich vorhanden. Seine quartäre Entstehung verdankt der Kalkarenit sowohl marinen Akkumulationen, wie die häufig eingebackenen, meist basaltischen Brandungsgerölle beweisen, als auch äolisch bedingten Kalksandanhäufungen in einer Strandebene. Echte fossile Dünen, wie sie KLUG (1968) gesehen haben will, konnte ich nicht finden. Der Kalksandstein ist ein bröckeliges, gelbweißes bis gelbbraunes Material (Farbenskala nach OYAMA &

TAKEHARA, 1970: 10 YR 8/4; 10 YR 7/3; 7,5 YR 7/3 oder 4).
Es ist wegen seines kalkigen Bindemittels chemisch leicht
zerstörbar, wie die zahlreichen säuligen Neubildungen in
kleinen Höhlen bezeugen, die gegenwärtig von Ziegen und Hirten am Hang gewühlt bzw. gegraben werden.

Die Ergebnisse der Studien umfassen:
1. Beobachtungen und Messungen über Vorgänge und Formen physikalischer Verwitterung durch Insolation im Kalkgestein der Insel Fuerteventura (Abschnitt 3.).
2. Beiträge zur Mechanik physikalischer Verwitterungsvorgänge im Bezug auf Gesteinsfarbe und Porosität als eine vorläufige Mitteilung (Abschnitt 4.).

2. Kurzer Abriß über die physiogeographische Lage Fuerteventuras (vgl. Abb. 1, Karte)[1]

Zum Verständnis von Verwitterungsvorgängen sind Angaben und Daten über die Lage der Beobachtungsgebiete und über exogene Kräfte notwendig. Es soll hier nur eine Kurzfassung vorgelegt werden. Auf meine ausführlichen Angaben (HEMPEL, 1978; 1980 a u. b) wird verwiesen.

Fuerteventura liegt in der Breitenkreislage der nördlichen Sahara und ist eine Wüsteninsel. Der Nordostpassat weht bis 270 Tage im Jahr. Die Insel empfängt zeitlich sehr unregelmäßig und höchst unterschiedlich stark ihre Niederschläge (Abb. 2, 3, 4). Darin ähnelt sie der benachbarten Insel Lanzarote (vgl. HUETZ de LEMPS, 1969). Nord- und Westflanken Fuerteventuras sind wolkenreicher als die südlichen und östlichen. Die im allgemeinen nach Süden und Osten gerichtete Abdachung der Oberfläche verstärkt den Luv-Lee-Effekt.

Vulkanische Gesteine bestimmen das geologische Grundgerüst der Insel (vgl. dazu HAUSEN, 1958 und ROTHE, 1966). Die Basalte sind prämiozänen, miozänen sowie pleistozänen Alters und liegen als Tafeln in Nord-Süd-Erstreckung. Sie beginnen

---

[1] Die Reinzeichnungen der Abbildungen besorgten die Kartographin des Instituts für Geographie der Universität Münster Frau M. MICHELKA und die studentische Hilfskraft Herr B. KLEEFISCH, wofür ich beiden herzlich danke.

in Meereshöhe und stellen auch die höchsten Erhebungen der Insel (807 m). Tuffe, Konglomerate und Phonolithe vervollständigen das Bild vom Vulkanismus. Spanische Geologen bearbeiten z.Z. den Mittelteil der Insel, in denen mesozoische Sedimentgesteine gefunden wurden (vgl. auch ROTHE, 1967 und 1968). Sie waren ebenfalls Gegenstand meiner Beobachtungen und Messungen. Marine und äolische Kräfte haben Kalksande an den Flachküsten im Norden (bei Corralejo) und Süden (Halbinsel Jandia) abgelagert. Nach Ausweis quartärer Strandlinien sind die tektonischen Bewegungen jugendlichen Alters (z.T. Jungquartär).

Hauptglieder der Oberflächenformen sind Glatthänge, Halden, Pedimente und Schuttanhäufungen auf den Höhen (vgl. Karte Abb. 5 bei HEMPEL, 1980 b).

Neben dem Relief unterstreicht auch die Pflanzenwelt, ausführlich bearbeitet von ERIKSSON, HANSEN & SUNDING (1979), den Halb- bis Vollwüstencharakter der Insel.

## 3. Beobachtungen und Ergebnisse
### 3.1 Verwitterungsvorgänge und -formen der Vorzeit

Das junge Bildungsalter der Kalksandsteine in der Zeit des ausgehenden Würm-Glazials ( ab 22 000 B.P.) läßt besondere Spuren eines vorzeitlichen Verwitterungsvorganges nicht erwarten. Es fehlen sowohl die roten Erden als auch Krusten, wie sie z.B. im benachbarten Basalt feucht-heiße Klimaphasen für eine ältere Zeit anzeigen. Letztere sind mit Sicherheit älter als die Bildung der Kalksandsteine.

Dennoch gibt es Hinweise auf fossile Vorgänge der Gesteinszerstörung. Viele ebene Flächen der Kalksandsteine weisen Rißbildung mit einem "Schildkrötenmuster" auf. Die polygonähnlichen Figuren haben Durchmesser von 3 bis 10 cm und sind im Sinne von SCHÜLKE (1973) exogen angelegt. Diese Risse sind z.T. offen und machen dadurch einen besonders frischen Eindruck. Stellenweise sind sie mit Kalk ausgefüllt und signalisieren so einen mindestens subrezenten Bildungsprozeß. Zieht man die Beobachtung (HEMPEL, 1980 a u.b) aus den benachbarten Vulkangesteinen heran, wo die rezente Verwitterungshaut die Risse der Polygonmuster auskleidet, so besteht am vorzeitlichen Alter kein Zweifel. Auch die Studien von SCHÜLKE (1973) über die Bildungsbedingungen gleicher Formen unter den wechselfeuchten Klimaverhältnissen des Senegals und die Bermerkungen KAISERs (1972) über Beobachtungen ähnlicher Formen in der Sahara weisen in dieselbe Richtung einer für Fuerteventura fossilen Art der Verwitterung.

Mit dem Auffinden von Verwitterungsformen nach dem "Schildkrötenmuster" im Kalksandstein gewinnt man zugleich einen absoluten Zeitmaßstab, der für die Vulkangesteine fehlte. Die Vorgänge können zum einen höchstens 22 000 Jahre alt sein, denn auf diese Zeitmarke weist die $C_{14}$- Datierung für die früheste Entstehung (nach KLUG, 1968). Zum anderen müssen sie vor 8 000 Jahren abgeschlossen gewesen sein, denn dies ist das Alter von Strandterrassen (datiert nach KLUG, 1968), auf denen die Polygonverwitterungsmuster fehlen.

Die Studienergebnisse über diesen vorzeitlichen Verwitterungsvorgang auf Fuerteventura stimmen auch mit den geomorphologischen und geologischen Untersuchungsbefunden in der benachbarten Sahara überein (WILLIAMS, 1970; JÄKEL, 1971; GABRIEL, 1972; GRUNERT, 1972; GEYH & JÄKEL, 1974; SCHULT, 1974). Besonders bei einem Vergleich der Zeiten wechselfeuchten Klimas, wie sie LAUER & FRANKENBERG (1979) auf Grund vegetationsgeographischer Studien in der West-Sahara nachgewiesen haben, und meinen Ergebnissen von Fuerteventura fällt die Übereinstimmung auf: LAUER & FRANKENBERG postulieren für die Zeit um 18 000 B.P. ein feuchteres Klima als heute. Die Verwitterungsspuren eines niederschlagsreicheren Klimas auf der Ostkanareninsel Fuerteventura sind zwischen 22 000 B.P. und 8 000 B.P. entstanden. Schließlich weisen PACHUR & BRAUN (1980) auf Grund hydrologischer Untersuchungen nach, daß auch in der Zentralsahara und in Libyen zwischen 12 000 und 5 000 B.P. eine gewisse Humidität als Folge autochthonen Niederschlags geherrscht haben muß.

3.2 Verwitterungsvorgänge und -formen der Gegenwart

3.2.1 Messungen zur Schuttbildung an der Gesteinsoberfläche

Durchmustert man die Hänge und Halden der Kalksandsteine auf der Halbinsel Jandía von Fuerteventura im Hinblick auf Schuttreichtum und Größe der Schuttstücke, so fallen die nach Südosten exponierten Geländeteile aus dem Bild der übrigen Expositionen heraus. Das Gros des Schuttes ist dort auffallend feiner als der in allen anderen Auslagen:

Tab. 1: Schuttgröße und Exposition (%-Anteile)

| längste Achse | NW | SW | S | SE | N |
|---|---|---|---|---|---|
| bis 5 cm | 10 | 12 | 18 | 25 | 5 |
| >5 cm bis 10 cm | 15 | 28 | 45 | 60 | 5 |
| >10 cm bis 15 cm | 30 | 40 | 25 | 12 | 25 |
| >15 cm | 45 | 20 | 12 | 3 | 65 |

Das gilt ganz besonders für den Schutt in Halden, der von einer Wand abgewittert ist. Eine ähnliche Beobachtung konnte ich schon im Schutt von vulkanischen Gesteinen in der gleichen Gegend machen (HEMPEL, 1980 a u.b). Geht man davon aus, daß der Schutt in erster Linie das Produkt rein physikalischer Verwitterung, der Insolation, ist, so müßte man die Temperaturverhältnisse auf ihre Verschiedenheit von Exposition zu Exposition prüfen. In einer längeren Reihe von Meßserien finden sich dazu Belege (Abb. 5 bis 12).

1. Die Temperaturwerte für flache Hänge (Abb. 5 - 12) liegen erwartungsgemäß über denen der Wände. Ausgenommen sind jene Zeiten, in denen bei niedrigem Sonnenstand die Wände bzw. die Steilhänge mehr senkrecht von der Strahlung getroffen werden ( in östlichen Expositionen vormittags, in westlichen Expositionen nachmittags; Abb. 7 und 8 bzw. Abb. 10 und 11).

2. Naturgemäß liegen die Gipfel der Temperaturgänge aller Expositionen bei flachen Hängen eng beieinander (Abb.14 zwischen 12 und 15 Uhr), während sie bei den Wänden strahlungskorrespondent und damit paarig fast symmetrisch auftre-

ten (Abb. 11 und 12): NE, 11 Uhr; E, 12 Uhr; SE, 12.30 Uhr; S, 14 Uhr; SW, 16.30 Uhr; W, 17 Uhr; NW, 18 Uhr

3. Eine besondere Stellung nehmen die Kurven für Südost-Expositionen ein (Abb. 8, 13 und 14). Von allen Kurven des täglichen Temperaturganges besitzt die für südostexponierte Wände die größte Steilheit. Dies bedeutet, daß sowohl die Erwärmung bis zum Höchstpunkt als auch die Abkühlung bis zum Abend von allen Expositionen am schnellsten vor sich geht.

4. Die Kurve der Tagestemperatur für Südost-Expositionen liegt am Vormittag nahe denen mit südlichen Auslagen (S, SW), um am Nachmittag und frühen Abend mit den Kurven für nördliche und östliche Expositionen zusammenzufallen (vgl. Abb. 12 und 13). Beide Kurvengruppen liegen z.B. zwischen 17 und 19 Uhr rund 14° auseinander.

5. Die Positionen mit den höchsten Abkühlungsgeschwindigkeiten von rund 15° in 5 Stunden (SE: 12.30-17.30 Uhr: 15°, Abb. 8; S: 17-22 Uhr: 15°. Abb. 9) korrespondieren mit jenen Expositionen, die den höchsten Anteil an Kleinschutt aufweisen (vgl. Tab. 1).

6. Weniger der durchschnittliche Temperaturanstieg pro Stunde an einem Tag als vielmehr der maximale Anstieg pro einer Stunde hebt die südostexponierte Wand von den anderen ab: 6°/h (Abb. 15).

7. In die gleiche Richtung weisen auch die Kurvenbilder über die Temperaturanstiege vom Minimum zum Maximum pro Zeit (Abb. 15 und 16). Die steilsten Verläufe der Geraden zeigen die kräftigsten Impulse an. Es sind die Kalksandsteinwände und -hänge in Südost- und Süd-Expositionen (vgl. die Ähnlichkeit beim Basalt, Abb. 17).

8. Die Temperaturgänge in Nordost- und Nordwest-Expositionen sind analog ihrer gleichen Strahlungsgunst ähnlich (Abb. 13 und 14). Dagegen sind die Strahlungskorrespondenten auf der Ost- und Westseite grundverschieden temperiert. Eine ostexponierte Wand erwärmt sich schlechter als eine nach Westen schauende. Hier dürfte der höhere Wasserdampfgehalt der Luft und die Taufeuchte des Gesteins am Morgen gegenüber

den in der Regel lufttrockneren Verhältnisse des Spätnachmittags ausschlaggebend sein (vgl. auch BRETTSCHNEIDER, 1980).

9. Beachtenswert ist das relativ ähnliche Verhalten der Temperaturanstiege in allen Expositionen auf Flächen (Abb. 14 und 16). Zwischen 2,4° (Osten) und 3,1° (Süden) pro Stunde steigen die Temperaturen im Durchschnitt. Das sind 0,7° Differenz (vgl. die Ähnlichkeit bei Basalt, Abb. 17). An der Wand (Abb. 13 und 15) liegen sie zwischen 1,4° (Nordwesten) und 3,2° (Südosten). Das sind 1,8° Differenz.

10. Auch die dichte Bündelung aller Linien, die die Differenz zwischen Minimum und Maximum geteilt durch die Stunden widergeben, zeigt an, daß der Erwärmungsvorgang nach Expositionen bei Flächen und flachen Hängen wenig differenziert ist (Abb. 16). So erfolgt beim Hang der Anstieg vom Minimum bis zum Maximum über 16° bis 25° in der Zeit zwischen 6 und 8,5 Stunden (Abb. 16). An der Wand schwanken die Temperaturanstiege von 6,5° bis 22° in Zeiten zwischen 5,5 und 10 Stunden (Abb.15). Daß dies ein Vorgang ist, der nicht nur auf das poröse Kalkgestein beschränkt ist, sondern auch im dichten Basalt in gleicher Weise vor sich geht, belegt das entsprechende Diagramm in Abb. 17.

11. Die Temperaturanstiege von Flächen und Wänden unterscheiden sich auch nach dem Grad des maximalen Anstiegs pro Stunde. Bei Wänden (Abb. 15) stehen die Werte zwischen 2,5° (Nordwesten) und 6° (Südosten), d.h. wie 1 : 2,4. Bei den Flächen (Abb. 16) liegen die Grenzen zwischen 4,5° (Osten), Westen, Südwesten) und 8° (Süden), d.h. wie 1 : 1,77. Ganz anders liegen die Verhältnisse beim Basalt. Infolge seiner guten Wärmeleitfähigkeit fallen die Extreme im Temperaturanstieg längst nicht so hoch aus (Abb. 17). Auf einer den Kalkgesteinen analogen Fläche im Basaltgestein liegen die Extreme nur bei höchstens 5° (Süd- und Südwest-Auslagen).

Die Meßergebnisse lassen eine Reihe von Schlußfolgerungen über die Verwitterungsvorgänge physikalischer Art zu, die auf Korrespondenzen mit den Geländebefunden untersucht werden sollen.

So hängt die Zerteilung des Schuttes in kleinste Korngrößen an südostexponierten Wänden mit dem extremeren Verlauf des Temperaturganges (Erwärmung, Abkühlung) zusammen. Hierin stimmen vulkanische Gesteine und der Kalksandstein überein, so daß daraus eine Regel abgeleitet werden darf. Sie wird bestätigt durch die Beobachtung, daß der Schutt auf Kalksandsteinhängen mit mäßiger Neigung (d.h. kleiner als 30°) in allen Expositionen nach Form und Stückzahl gleich ist. Flachhänge und Flächen sind verwitterungsausgeglichener als Steilhänge und Wände.

Eine weitere Erklärung für den hohen Anteil von Kleinschutt am Fuße südostexponierter Wände liegt darüber hinaus darin, daß die Temperaturgänge auch in ihren nicht extremen Abkühlungs- und Erhitzungsabschnitten anders ablaufen als bei anderen Expositionen. Sie liegen in der Anstiegsphase nahe den Südwerten, beim Abfall den der Nordlagen. In diesem raschen Wechsel von Erhitzung zur Abkühlung einerseits und dem hohen Ausschlag der Amplituden andererseits kommt das geringe Wärmeleitvermögen poröser Gesteine zum Ausdruck. Dies wird auch beim Vergleich mit den Temperaturgängen an dichten vulkanischen Gesteinen (Basalt ohne Kruste, Phonolith) sichtbar (vgl. HEMPEL, 1980 a und b).

Eine weitere Korrespondenz von hohem Anteil kleiner Fraktionen am Schuttaufkommen und besonderen Temperaturgängen findet man dort, wo die Abkühlung rasch vonstatten geht. Es sind dies die Wände in Südost- und Süd-Lagen, die damit einer stärkeren Spannungsbeanspruchung und damit Zerstörung unterliegen. In die gleiche Richtung weist auch die Tatsache, daß die größten Temperaturanstiege pro Stunde die Südost- und Südwände aufweisen (6°; 5°). Alle Westlagen liegen besonders stark zurück (2,5° bis 4°).

Zusammenfassend kann man im Hinblick auf die physikalische Verwitterung ohne Kristallisation und Hydratation sagen, daß Exposition, Neigungswinkel der Oberfläche und Porositätsgrad meßbare Differenzierungen in der Schuttproduktion zur Folge haben, die morphologisch zu Asymmetrien führen (vgl. die Karte der Formengruppen in HEMPEL, 1980 b, Abb.5).

## 3.2.2 Messungen zur Schuttbildung im Inneren des Gesteins

Die weiteren Untersuchungen betrafen den Gang der Temperatur im Kalksandstein. Die Kluft- und Fugenarmut hat diesen Messungen nur ein ganz begrenztes Arbeitsfeld gelassen. Dazu kam, daß das Gestein sehr mürbe ist und daher beim Einführen der Meßfühler sehr oft und frühzeitig zerbrach. So waren kaum längere Reihen erstellbar. Dennoch können aus den Momentaufnahmen bzw. kurzzeitigen Meßfolgen Schlüsse auf das Wärmeleitverhalten des Gesteins gezogen werden.

Zunächst fällt auf, daß trotz petrographischer Homogenität des Gesteins in der Tiefe stets eine Temperaturanomalie gemessen wurde. Sie trat bei verschiedensten Lagerungen der Kalksandsteinpakete auf. Diese Anomalie bestand darin, daß sich ab einer bestimmten Tiefe die Temperaturabnahme pro einem Zentimeter sprunghaft verstärkte. Es gab also einen regelrechten Wärmestau in den obersten Zentimetern. An dieser Schwelle wurde die Staugrenze der Mittags- und Frühnachmittagseinstrahlung überschritten. Drei Beispiele sollen Auskunft über die Größenordnung vermitteln:

Tab. 2: Temperatur im Kalksandstein (in °C)
Halbinsel Jandia, Isthmus La Pared
Höhe: ca. 50 m über NN

| Tiefe in cm | 5.10.1980 12.30 Uhr | 5.10.1980 14 Uhr | 8.10.1980 13 Uhr |
|---|---|---|---|
| Oberfläche | 44 | 42 | 44 |
| 1 | - | - | - |
| 2 | 40 | 40 | - |
| 3 | 39 | 39 | 43 |
| 4 | 38 | - | 41 |
| 5 | 37 | 38 | 40 |
| 6 | 37 | 37 | 39 |
| 7 | <u>36</u> | <u>36</u> | 38 |
| 8 | 33 | 33 | <u>36</u> |
| 9 | 33 | 33 | <u>31</u> |
| 10 | 32 | 32 | 31 |
| 11 | 32 | - | - |

Charakteristisch für diese drei Messungen ist die einheitliche Tiefenlage des Wärmesprunges bei 7-8 cm. Der große Abstand am 8.10.1980 von 36° in 8 cm und 31° in 9 cm Tiefe dürfte mit der im Vergleich zum 5.10.1980 absolut kälteren Nacht infolge voller Ausstrahlungsmöglichkeiten zusammenhängen.

In allen drei Fällen reichte die vormittägliche Strahlungsmenge aus, die unterschiedlichen Ausgangstemperaturen am frühen Morgen bis zum Mittag auszugleichen und damit den Stau wieder "aufzubauen".

Es gelang eine einzige Meßserie über den Gang der Wärmewellen im Laufe eines Vormittags im Kalksandstein:

Tab. 3: Gang der Temperatur im Kalksandstein in °C
0,5 km nordwestlich von Morro
Süd-Exposition; Neigung ca. 10°; ca. 100 m über NN
Datum: 6.10.1980

| Tiefe in cm | 8 Uhr | 9 Uhr | 10 Uhr | 11 Uhr | 12 Uhr | 13 Uhr | 14 Uhr |
|---|---|---|---|---|---|---|---|
| Oberfläche | 23 | 28 | 33 | 39 | 43 | 43 | 42 |
| 2 | - | - | - | - | - | - | - |
| 3 | - | - | - | - | - | - | - |
| 4/5 | 23 | 26 | 32 | 38 | 40 | 40 | 38 |
| 6 | 24 | 25 | - | 36 | 37 | 37 | 36 |
| 7 | - | - | - | - | - | - | - |
| 8/9 | 27 | 28 ? | 29 | 30 | 30 | 31 | 31 |
| 10 | - | - | - | - | - | - | - |
| 45 | 26 | - | - | 27 | 26 | - | - |
| 95 | 24 | - | - | 24 | 24 | 24 | 24 |

Aus dem Tabellenbild kann man ablesen, daß das Eindringen der täglichen Wärmespende noch bei 10 cm schwach spürbar ist. Von da ab beginnt der Bereich langsamer Temperaturabnahme zur Tiefe hin. Erste Anzeichen eines Staueffektes sind bereits um 10 Uhr zu bemerken ( in 4/5 cm 32°; in 8/9 cm 29° = 3°Differenz). Um 11 Uhr und 12 Uhr steigert sich der Gegensatz auf 8° bzw. 10°, um sich gegen 13 bzw. 14 Uhr wieder abzuschwächen ( 9°bzw. 7°). Die leichte Temperaturunruhe in ca. 45 cm Tiefe kann auf Meßungenauigkeiten beruhen. Das Monatsmittel der Temperatur (hier für September) ist in ca. 1 m Tiefe im Gesteins faßbar (durchgehend 24°).

Die Grenze des Wärmestaues im gleichen Gestein hängt natürlich von der Strahlungsmenge ab. Sie ist in den Sommermonaten Juli und August größer als im Herbst oder Frühjahr, zumal neben den solaren Verhältnissen auch die Luftfeuchtigkeit geringer ist (30 % - 45 % im Sommer gegenüber 60 % im Frühjahr und Herbst). Auf Grund solcher Wärmespender wird man davon ausgehen müssen, daß dadurch auch die Eindringtiefe größer ist und die Schwelle des Wärmestaues tiefer liegt.

Faßt man die Beobachtungen über das Temperaturverhalten des Kalksandsteins zusammen, so kann man sagen, daß der hohe Porositätsgrad des Gesteins in einem Wärmestaueffekt zum Ausdruck kommt. Auf Grund der Temperaturdifferenzen auf kurze Distanz von bis $5°$ auf 1,5 cm werden Spannungen im Gestein entstehen, die zu einer Lockerung des Gefüges führen können. Da aber mit steigender Porosität möglicherweise auch die Kompressibilität des Gesteinskörpers zunehmen kann, wird man in solchen Fällen keine besonders auffallenden Effekte wie etwa hohen Schuttanfall erwarten dürfen. Lediglich die Größe der Schuttstücke könnte dann in einem Zusammenhang mit dem Tiefgang des Wärmestaues stehen. Prüft man das nach und sieht dabei von den Südost-Expositionen, die kleine Schuttfraktionen aufweisen, und einigen wenigen an Wänden abgebrochenen größeren Blöcken ab, so ist in der Tat rein zahlenmäßig ein Zusammenhang erkennbar. Das Gros des Kalksandsteinschuttes ist 10-15 cm dick, was der Lage der Staugrenze unter der Oberfläche im Laufe des insolationsgünstigen Sommerhalbjahres entsprechen könnte.

Am 29.9.1980 bot sich eine günstige Gelegenheit, den Verkauf der Linien gleicher Temperatur an einer Felskante mit nord- und westexponierter Wand und mit leicht nach Süden einfallender Oberfläche ( ca. $5°$) zu studieren. Die "Momentaufnahmen" wurden gegen 13 Uhr gemacht, also zu einem Zeitpunkt nach optimaler Zustrahlung. Der Himmel war wolkenlos. Um geeignete Meßpunkte in Nord-Süd-Anordnung meßtechnisch zu erreichen, mußte die Wand an der Westflanke abschnittsweise (siehe Signatur in Abb. 18) "abgesprengt" werden. Binnen weniger Minuten wurden mit zwei Meßfühlern des Thermophils Punkte eingemessen, die eine verwendbare Konstruktion des Isothermenverlaufs gestatteten.

Man kann dabei folgendes festhalten: Der Wärmestau ist auf der Fläche deutlich in ca. 10 cm Tiefe erkennbar. Er schwächt sich ab, je näher man zur Kante kommt. Hierin liegt ohne Zweifel der ausgleichende Einfluß der kühler temperierten Nordwand. Der fast tägliche Auf- und Abbau dieser Asymmetrie wird seine Auswirkungen in einer Ungleichmäßigkeit der Insolationsverwitterungsvorgänge haben. Das scherbige Aufplatzen der Felskanten könnte darin eine Ursache haben. Eine zweite und möglicherweise formungsstärkere Kraft dürfte in der Tatsache zu suchen sein, daß ganz allgemein die Linien gleicher Temperatur von der Oberfläche der Kante schräg ins Gestein in südlicher Richtung weisen. Das mehr oder weniger deutliche Aufblättern des Kalksandsteins in gleicher Richtung ist ein sichtbarer Ausdruck dieser Isolinienlage. Ähnliche Beobachtungen bei etwa gleicher Position konnte ich (1980 a und b) im Basaltgestein machen.

Nicht ohne Bedeutung für den Zerrüttungsvorgang im Gestein dürfte der große Temperaturunterschied zwischen Oberfläche und Wand ca. 1 m abseits der Kante sein. Er betrug 20° auf einer Längendistanz quer durchs Gesteins von etwa 1.40 m (Abb. 19 und 20). Dieser Gegensatz baut sich tagtäglich in ähnlicher Weise und Größe - mindestens im Sommer - neu auf, so daß die täglich wiederkehrenden Spannungen zur Lockerung des Gefüges beitragen. In Basaltgesteinen waren diese Gegensätze bei etwa gleicher Energiezufuhr als Folge der größeren Wärmeleitfähigkeit nicht so groß (16° auf 1,40 m).

Dagegen dürften die Spannungen nahe der Kante im Kalksandstein erheblich kleiner als im dichten Vulkangestein sein (Abb. 20 und 21). Höchstens 4° betrugen zur Mittagszeit die Gegensätze von Wand und Oberfläche jeweils 1o cm von der Kante (Basalt: 8°). Vielleicht erklärt sich daraus die Beobachtung, daß dem Kalksandstein der am Fuß von Basaltwänden in Nordlage festgestellte auffallende Schuttreichtum fehlt. Ein weiterer Grund für die Schutt-"Armut" könnte im flexibleren Verhalten des Kalkgesteins gegenüber Spannungen im Gestein infolge der hohen Porosität liegen. Allerdings ist auch der genau umgekehrte Effekt möglich,

daß sich nämlich die Spannungen (Druck, Zug, Scherung) in
einem porösen Gestein auf die wenigen festen "Brücken" zwischen den Luftporen konzentrieren und diese entsprechend
stärker beanspruchen. Dazu und überhaupt zur Physik der an
der Untersuchung beteiligten Gesteine (Basalt, Phonolith,
Tuff Kalksandsteine) sollen weitere Versuche in geeigneten
Laboratorien durchgeführt werden.

In das Bild der unterschiedlichen Temperaturgänge an
Felskanten in Basalt und Kalksandstein passt übrigens auch
die abgeflachtere, walmartige Kante im Basaltfels als Folge
das abgestürzten oder durch Wasser abgetragenen Schuttes
gegenüber der eckigen Form im Kalksandstein.

3.2.3  Vergrusung

Neben der Bildung von Schutt kann man auch Vergrusungserscheinungen beobachten. Der Kalksandstein besteht in erster Linie aus Kalksand, der im Brandungsbereich einer Flachküste zur Ablagerung gekommen ist. Diesem hellfarbenen Substrat sind dunkle Basaltsande beigemengt. Das Mischungsverhältnis Kalksand zu Basaltsand ist wie etwa 3 : 1. Inwieweit
die unterschiedlichen Farben den Abgrsungsvorgang besonders
fördern, ist schwer zu sagen. Mindestens nach den weiter
unten (4.) mitgeteilten Beobachtungen zu urteilen, dürfte
die Stärke des Verwitterungsprozesses im Makrobereich von
der Farbe wenig beeinflußt werden.

3.3.  Einige Aspekte der chemischen Verwitterung

In Anbetracht des hohen Anteils kalkiger Komponenten
sowohl in der sandigen Grundsubstanz als auch im Bindemittel wird man eine hohe Lösungsanfälligkeit des Gesteins
erwarten können. Dies wird noch gefördert durch die Lockerheit des Materials, das als Folge seiner Jugendlichkeit
keine Verfestigungsvorgänge etwa durch Druck bei Gebirgsbildungsprozessen durchgemacht hat. Dies alles führt dazu,
daß bei längeren Feuchteperioden Kalk in gelöster Form in
Hohlräume aller Art eindringt und dort auskristallisiert.

Diese Kalkkörper erlangen dabei eine hohe Festigkeit. Sie
können als Spaltenausfüllungen bei großen Mengen "sprengend"
wirken. In kleineren Mengen aber verkitten sie Hohlräume
und stabilisieren so die Haltbarkeit des Gesteins.

Ausblühungen von Meeressalzen sind farblich schwer
auszumachen. Nach den Erfahrungen im Basaltgestein kommen
sie mit Sicherheit vor. Gelegentlich konnten sie in günstigen
Situationen auch als Interstitialfüllungen beobachtet werden.
Allerdings bilden sich die Kristalle - Calcium- und
Magnesiumsulfate - in den Porenräumen des Kalksandsteins
und dürften dadurch kaum verwitterungswirksam geworden
sein bez. werden.

Der Anteil der chemischen Verwitterungsvorgänge, die
von der einen oder anderen genannten Form der Mechanik gesteuert
werden, ist nicht abzuschätzen. Auch der Einfluß
auf die Gesamtbilanz der Gesteinszerstörung ist schwer
festzustellen. Man kann beobachten, daß an einer Stelle
ehemals gelockerter Schutt durch Kalksinter wieder verfestigt
wurde. An anderer Stelle platzt ein Verwitterungssprung
quer durch eine Gangausfüllung hindurch.

## 4. Zur Frage der Wärmeleitfähigkeit eines Gesteins in Abhängigkeit von Porosität und Farbe

Ausgangspunkt für die Frage nach der Bedeutung von
Porosität und Farbe eines Gesteins für die physikalische
Verwitterung waren eine Reihe von Einzelbeobachtungen,
die unsystematisch gesammelt worden waren.

Bei den Messungen über die Temperaturen an Gesteinsoberflächen
fiel auf, daß bei etwa gleicher Strahlungsgunst
und Lufttemperatur die Anstiege auf dichten Basaltgesteinen
kleiner waren als auf porösen Kalkgesteinen (vgl. Abb. 16
und 17). Daraus kann man eine raschere Wärmeableitung im
Inneren des Basaltes folgern. Eine ähnliche Beobachtung
wurde beim Vergleich der Messungen an Felskanten gemacht.
Unter gleichen Verhältnissen von Topographie und Wärmezu-

fuhr sind die Temperaturdifferenzen von Schatten- und Sonnenlagen auf Basalt kleiner als auf Kalksandsteinen (z.B. um 11 Uhr: 10° zu 16°; Abb. 20 und 21).

Besonders eindrucksvoll waren Einzelmessungen, die als zusätzliches Vergleichsmaterial gedacht waren. Sie sind in der Tabelle 4 zusammengestellt.

Tab. 4: Gang der Temperatur auf der Gesteinsoberfläche in °C
Höhen 0,5 km nordwestlich von Morro
ca. 100 m über NN; Südost-Exposition: Neigung: 80°
Datum: 4.10.1980

| Gestein/Uhrzeit | 9.15 | 9.35 | 9.40 | 9.45 | 9.55 | 10.00 | 10.20 | 10.40 |
|---|---|---|---|---|---|---|---|---|
| Tuff (blasig + hellgrau) | 33 | 34 | - | 33,5 | 35,5 | 36 | 38,7 | 40,5 |
| Kalksandstein (hellgelb) | 33 | 34 | 33,5 | 34 | 35 | 35 | 38 | 38,5 |
| Tuff (dichter als oben) | - | 32 | - | - | 34 | 34 | 36 | 36,5 |
| Basalt | - | 30 | 31,5 | 32 | 32,5 | 33 | 34 | 34 |
| Phonolith (fest) | 30 | - | 31 | 31 | 32,5 | 32 | 32 | 33 |
| Phonolith (über Kruste) | - | - | - | - | 33 | 34 | 33,5 | 34 |
| Luft | 26 | 26 | - | - | 26,5 | 26,5 | 27 | 28 |

Dabei fällt Verschiedenes auf:

1. Alle Temperaturwerte an Oberflächen von dunkelfarbenen Gesteinen (Basalt, Phonolith) liegen durchweg unter denen der hellfarbenen Gesteine (hellgrauer Tuff; hellbrauner bis gelber Kalksandstein).

2. Die Temperaturdifferenz der dunklen Gesteine von 9.15 Uhr bis 10.40 Uhr ist kleiner als die der helleren Gesteine (Basalt: 4°; Phonolith: 3°; dagegen Tuff: 7,5°; Kalksandstein: 5,5°).

3. Im selben Gesteinskörper spielen bei gleicher Farbe für die Oberflächentemperatur die Porosität bzw. Porositätsunstetigkeiten eine besondere Rolle (Tuff: dicht zu blasig 36,5° zu 40,5° oder Phonolith: dicht zu krustig 33° zu 34°).

Diese unsystematisch gesammelten Messungen gaben einen Hinweis auf die besondere Bedeutung der Porosität für den Wärmetransport und die offensichtlich geringeren Einflüsse durch die Farbe der Gesteine. Diese grobe Aussage sollte durch systematische Meßreihen überprüft werden. Am 7.10.1980 und 9.10.1980 wählte ich im Raum westlich von Morro im Kalksandstein, Basalt mit und ohne Kruste sowie Phonolith ohne Kruste südöstlich, südlich, südwestlich und westlich exponierte Wände zwischen 70° und 80° Neigung aus. Mit zwei Batterienwechsel blieb das Gerät (Thermophil) ununterbrochen von 9-15 Uhr im Betrieb. Die Meßbereiche von ca. 5 cm mal 5 cm an den Gesteinen habe ich markiert, so daß ohne Verzögerung nacheinander registriert werden konnte. Jede Messung duaerte etwa 15 Sekunden, so daß ein Gestein nach vier Expositionen in etwa 1 Minute, alle 4 Gesteine in rund 4-5 Minuten vermessen waren. In dieser geringen Zeitverzögerung sehe ich keinen Fehler, der das Grundsätzliche am Ergebnis verfälscht. Außerdem habe ich während der Serien die Reihenfolgen , in der an den Gesteinen gemessen wurde, ständig gewechselt, so daß dadurch keine einseitige Begünstigung bzw. Benachteiligung in der Strahlungszeit auftreten könnte. Die Ergebnisse liegen in der Tabelle 5 (S.21 ) vor.

Sie bestätigen die Erkenntnisse aus Tab. 4, daß für die Weiterleitung der Wärme die <u>Porosität Priorität gegenüber der Farbe</u> hat. Die höheren Luftgehalte der Tuffe und Kalksandsteine bewirkten trotz der helleren Farbe einen Wärmestau in Oberflächennähe. Selbst die hohe Albedo des hellgelben Kalksandsteins kann diese Erhitzung der Oberfläche nicht verhindern.

Weiter beweisen die Messungen, daß für die Wärmeleitung schon geringe Porositätsunstetigkeiten in Oberflächen-

Tab. 5: Gang der Temperatur auf der Gesteinsoberfläche in °C
Höhen 0,5 km westlich von Morro; ca. 150 m über NN
Neigung: 70° bis 80°

| Gestein/Exposition | Südosten | | | | | | | Süden | | | | | | | |
|---|---|---|---|---|---|---|---|---|---|---|---|---|---|---|---|
| Basalt (mit Kruste) | 28 | 36 | 40 | 40 | 39 | 36 | 34 | 28 | 35 | 39 | 42 | 43 | 43 | 40 | 7.10.1980 |
|  | 28 | 35 | 40 | 41 | 40 | 37 | 34 | 28 | 36 | 40 | 43 | 44 | 43 | 41 | 9.10.1980 |
| Kalksandstein | 28 | 34 | 36 | 40 | 39 | 37 | 34 | 28 | 33 | 39 | 43 | 43 | 42 | 40 | 7.10.1980 |
|  | 28 | 35 | 35 | 41 | 38 | 36 | 33 | 28 | 36 | 38 | 40 | 40 | 43 | 41 | 9.10.1980 |
| Basalt (ohne Kruste) | 28 | 32 | 34 | 37 | 38 | 34 | 30 | 28 | 30 | 35 | 39 | 40 | 40 | 38 | 7.10.1980 |
|  | 28 | 33 | 35 | 38 | 38 | 35 | 32 | 28 | 34 | 36 | 38 | 39 | 40 | 39 | 9.10.1980 |
| Phonolith | 28 | 30 | 32 | 35 | 36 | 35 | 30 | 28 | 30 | 32 | 36 | 39 | 38 | 36 | 7.10.1980 |
|  | 28 | 29 | 33 | 36 | 36 | 35 | 31 | 28 | 29 | 33 | 36 | 38 | 39 | 38 | 9.10.1980 |
| Uhrzeit | 9 | 10 | 11 | 12 | 13 | 14 | 15 | 9 | 10 | 11 | 12 | 13 | 14 | 15 | Uhr |

| Gestein/Exposition | Südwesten | | | | | | | Westen | | | | | | | |
|---|---|---|---|---|---|---|---|---|---|---|---|---|---|---|---|
| Basalt (mit Kruste) | 26 | 30 | 31 | 36 | 39 | 39 | 40 | 23 | 25 | 29 | 31 | 36 | 39 | 40 | 7.10.1980 |
|  | 26 | 31 | 32 | 36 | 38 | 40 | 41 | 24 | 26 | 30 | 33 | 38 | 40 | 41 | 9.10.1980 |
| Kalksandstein | 25 | 29 | 31 | 32 | 36 | 40 | 40 | 23 | 24 | 28 | 30 | 38 | 39 | 40 | 7.10.1980 |
|  | 26 | 31 | 32 | 36 | 37 | 39 | 39 | 22 | 25 | 29 | 30 | 37 | 38 | 39 | 9.10.1980 |
| Basalt (ohne Kruste) | 24 | 26 | 29 | 31 | 33 | 36 | 37 | 23 | 24 | 26 | 28 | 32 | 34 | 38 | 7.10.1980 |
|  | 25 | 27 | 30 | 34 | 36 | 38 | 38 | 23 | 24 | 25 | 26 | 30 | 36 | 37 | 9.10.1980 |
| Phonolith | 24 | 26 | 28 | 30 | 33 | 36 | 37 | 22 | 24 | 26 | 27 | 30 | 32 | 35 | 7.10.1980 |
|  | 25 | 26 | 28 | 31 | 34 | 35 | 36 | 22 | 23 | 24 | 25 | 28 | 32 | 33 | 9.10.1980 |
| Uhrzeit | 9 | 10 | 11 | 12 | 13 | 14 | 15 | 9 | 10 | 11 | 12 | 13 | 14 | 15 | Uhr |

nähe bedeutend sind. Damit können Magerhorizonte als Folge einer chemisch ausgelösten Krustenbildung physikalisch verwitterungsaktiv werden wie z.B. im Basalt (siehe auch HEMPEL, 1980 a und b). Aber auch jene Gesteine sind verstärkt von solchen Ablösungsvorgängen betroffen, die eine plattige Feintextur aufweisen wie z.B. Kalke im Mittelteil der Insel Fuerteventura. Schließlich dürften auch Schichtfolgen mit verschieden großer Körnung von der Insolationsverwitterung besonders betroffen sein wie z.B. Sandsteine.

Zur Frage der Bedeutung der Farbe eines Gesteins für das Wärmeleitverhalten ergaben sich Meßmöglichkeiten an der Westküste der Insel Fuerteventura sowohl im Barranco de la Peña als auch im Barranco de Asuy (nahe dem kleinen Fischerhafen Puerto de la Peña. Nach ROTHE (1968) handelt es sich um "plattige und bankige Kalksteine mit Quarzsilt und mit Knollen und Linsen von Feuerstein (Oberkreide)". In unmittelbarer Nachbarschaft stehen "Basaltische Gänge des älteren Vulkanismus" an (Top. Karte 1 : 25 000, Pájara). Die Porosität beider Gesteine ist nach Auskunft des Mineralogischen Instituts der Universität Münster etwa gleich groß. Trotz des Weiß-Schwarz-Gegensatzes der Gesteinsfarben war in den Temperaturverhältnissen der beiden Gesteine kein Unterschied zu erkennen. Das gilt für alle Expositionen sowohl an Wänden (Talkanten) als auch auf flachen Hängen.

Bei aller Eindeutigkeit der Meßaussagen über den Temperaturverlauf in Oberflächennähe von Gesteinen zu Gunsten der Porosität wird man aber die Farbe nicht vernachlässigen dürfen. Sie wird für die Bildung von gröberen Fraktionen wie Schutt nicht die Bedeutung haben wie die Porosität, denn Farbgegensätze innerhalb desselben Gesteins sind in der Regel fließend ausgeglichen. Porositätsunterschiede dagegen stellen meist abrupte Unstetigkeiten dar. Der letzte Zustand baut Spannungen auf kurze Distanz auf, der erste verteilt sie auf weitere Entfernungen.

In diese Vielfalt der möglichen Porositäten (Schichtung, Textur, Krusten) und Farben sowie ihrer Kombinations-

möglichkeiten auch nach Positionen in den Gesteinen liegt
der Schlüssel dafür, daß man nur sehr schwer feinere Aussagen machen kann und bisher bestensfalls Allgemeines formuliert hat. Vielleicht ist es in der Tat auch so, daß Messungen über Schuttmengen und ihre Bildungsgeschwindigkeiten deshalb keine befriedigenden Ergebnisse erbracht haben, weil durch die Fülle der Kombinationsmöglichkeiten von auslösenden Faktoren feinere Abstufungen gar nicht möglich sind oder nur bei Extremfällen erkannt werden. Unter Einbeziehung der chemischen und biologischen Verwitterungskräfte scheint das Endsubstrat "Schutt" die Aussage zuzulassen, daß das Gros der Gesteine relativ einheitlich reagiert. Nach den hier vorgelegten Messungen über das Wärmeleitverhalten von Gesteinen wird man aber zu der prinzipiellen Aussage kommen, daß der Gesteinsporosität gegenüber der Gesteinsfarbe der höhere morphologische Wert zugesprochen werden muß. Überall dort, wo die physikalische Verwitterung dominiert, sollte man dies bei der Abschätzung von Vorgängen und der Analyse der Formen berücksichtigen.

## 5. Zusammenfassung und geomorphologische Aspekte

Messungen und Beobachtungen im Kalksandstein und in mesozoischen Kalkgesteinen der Insel Fuerteventura (Islas Canarias) sowie vergleichende Studien in benachbarten Vulkangesteinen (Basalt, Tuff, Phonolith) lieferten in erster Linie Beiträge zur Frage der Bedeutung von Porositätsunterschieden für die physikalische Verwitterung (Insolationsverwitterung). Sie können in folgenden Sätzen zusammengefaßt werden.

Als Folgen des unterschiedlichen Temperaturganges sind Flachhänge und Flächen verwitterungsausgeglichener als Steilhänge und Wände.

Rasche Wechsel von Erhitzung und Abkühlung sowie die hohen Ausschläge der Temperaturamplituden im porösen Gestein sind Ausdruck des geringen Wärmeleitvermögens. Sie fördern den Zerstörungsprozeß per Insolation.

Unter diesen Aspekten sind südostexponierte Hänge und Wände besonders verwitterungsanfällig. Ihr Schuttreichtum bestätigt diese von den Meßergebnissen her erwarteten Tendenzen.

Poröse Gesteine bauen im Tagesverlauf bis zur mittäglichen höchsten Strahlungsgabe einen Wärmestau in den obersten Zentimetern des Gesteins auf. Im Kalksandstein schwankt diese Schwelle von 1o bis 15 cm im Laufe des Jahres. Eine Korrespondenz scheint zwischen der Dicke des Gros der Schuttstücke und dem Tiefgang der Wärmestauzone zu bestehen.

Vergleichsmessungen über Temperaturgänge im Gestein mit verschiedener Porosität bzw. mit Porositätsanomalien wie Magerhorizonten infolge Krustenbildung haben auffällige Unterschiede über das Wärmeleitvermögen sichtbar gemacht. Die Größenordnung der Temperaturdifferenzen bestärkt den Verdacht, daß sie für Unterschiede in der Verwitterungsmechanik (Insolationsverwitterung) in erster Linie verantwortlich sein müssen.

Die Farbe des Gesteins spielt offensichtlich für die Verwitterung eine untergeordnete Rolle, was bei ihren meist fließenden Übergängen von einem Farbton zum anderen auch verständlich ist.

Beobachtungen über Verwitterung in Form von "Schildkrötenmuster" oder anderen Polygonstrukturen liefern Daten über den Zeitpunkt einer wechselfeuchten Zeit auf den Ostkanarischen Inseln. Sie fügen sich in bereits bekannte Daten vom benachbarten Afrika gut ein.

## Resumen y aspectos geomorfológicos

Mediciones y observaciones en areniscas calcáreas y en calizas de la Isla Fuerteventura (Islas Canarias), así como estudios comparativos con rocas volcánicas (basalto, tufa, fonolitos) en el área, proporcionan en primer lugar contribuciones a la pregunta sobre el significado de las diferencias de porosidad producidas por la meteorización física. Estas contribuciones se resumen de la siguiente forma.

Como resultado de las diferentes variaciones en la temperatura están las pendientes suaves más en equilibrio de meteorización que las pendientes abruptas, como paredones y acantilados. Cambios rápidos en el calentamiento y enfriamiento así como las altas amplitudes de la temperatura medidas en rocas porosas, reflejan una baja capacidad en la conducción del calor. Estos cambios aceleran el proceso de destrucción por insolación.

Bajo estos procesos están atacados principalmente por la meteorización paredones pendientes expuestos al S.E. de la isla investigada. La gran cantidad de cascote y ripio confirma esta tendencia, la cual con los resultados analizados era de esperarse.

Rocas porosas forman una capa de temperatura en las superficies más exteriores (últimos centímetros), debida a una alta dosis de rayos solares durante las horas de la mañana y hasta la maxima insolción del medio dia. En areniscas calcáreas fluctúa esta capa entre 10 cm y 15 cm a través del tiempo. Parece existir una correspondencia entre el tamaño del espesor de los cantos de cascote y la profundidad de la capa de temperatura.

Medidas comparativas sobre las variaciones de la temperatura en rocas con diferente porosidad o con anomalías de porosidad como horizontes de lixiviación, anomalías debidas a la formación de costras, han revelado marcadas diferencias en la capacidad de conducción del calor. La amplitud en las diferencias de la temperatura apoyan la opinión, que estas amplitudes deben ser las responsables por las diferencias en la meteorización mecánica (meteorización de insolación).

El color de las rocas juega un papel de poca importancia en la meteorización, que junto a sus más variadas transiciones de un tono de color a otro también es entendible.

Observaciones sobre la meteorización en forma de "caparazón de tortuga" o de otras estructuras poligonales proporcionan datos sobre el momento de un cambio de humedad en el tiempo en la parte oeste de las Islas Canarias. Estas observaciones se interpolan con datos conocidos y disponibles de la vecina África.

## 6. Literatur

BARTH, T.F., CORRENS, C.W. & ESKOLA, P. (1960): Die Entstehung der Gesteine. Ein Lehrbuch der Petrogenese. - Berlin, Göttingen-Heidelberg.

BRETTSCHNEIDER, H. (1980): Mikroklima und Verwitterung an Beispielen aus der Sierra Nevada (Spanien) und Nordafrika unter besonderer Berücksichtigung der Glatthanggenese. - Münstersche Geographische Arbeiten, 9.

ERIKSSON, O., HANSEN, A. & SUNDING, P. (1979): Flora auf Macaronesia. Checklist of vasular plants. - Part. I + II, Oslo.

GABRIEL, B. (1972): Terrassenentwicklung und vorgeschichtliche Umweltbedingungen in Enneri Dirennao (Tibesti, östliche Zentralsahara). - Ztschr. f. Geomorphologie, Suppl. Bd. 15, 113-128.

GEYH, M.A. & JÖKEL, D. (1974): Spätpleistozäne und holozäne Klimageschichte der Sahara auf Grund zugänglicher Licker 14 C-Daten. - Ztschr. f. Geomorphologie, 18, 82-98.

GRUNERT, J. (1972): Zum Problem der Schluchtbildung im Tibesti-Gebirge (Rép. du Tchad). - Ztschr. f. Geomorphologie, Suppl. Bd. 15, 144-155.

HAUSEN, H. (1958): On the geology of Fuerteventura. - Soc. Sci. Fennica, Com. phys.-math., 22, 1, 1-211.

HEMPEL, L. (1978): Physiogeographische Studien auf der Insel Fuerteventura, Kanarische Inseln. - Münstersche Geographische Arbeiten, 3.

HEMPEL, L. (1980 a): Studien über fossile und rezente Verwitterungsvorgänge im Vulkangestein der Insel Fuerteventura (Islas Canarias). - Forschungsberichte des Landes Nordrhein-Westfalen. Nr. 2927 (Fachgruppe Physik/Chemie/Biologie).

HEMPEL, L. (1980 b): Studien über rezente und fossile Verwitterungsvorgänge im Vulkangestein der Insel Fuerteventura(Islas Canarias, Spanien) sowie Folgerungen für die quartäre Klimageschichte. - Münstersche Geographische Arbeiten, 9.

HUETZ de LEMPS, A. (1969): Le climat des Iles Canaries. - Soc. d'Édition d'Enseignement Supérieur, Tome 54, Université de Paris.

JÄKEL, D. (1971): Erosion und Akkumulation im Enneri Bardagué-Arayé des Tibesti-Gebirges während des Pleistozäns und Holzäns. - Berliner Geographische Abhandlungen, 10, 1-55.

JÄKEL, D. & DRONIA, H. (1976): Ergebnisse von Boden- und Gesteinstemperaturmessungen in der Sahara. - Berliner Geographische Abhandlungen, 24, 55-64.

KAISER, Kh. (1972): Prozesse und Formen der ariden Verwitterung am Beispiel des Tibesti-Gebirges und seiner Rahmenbereiche. - Berliner Geographische Abhandlungen, 16, 49-80.

KLUG, H. (1968): Morphologische Studien auf den Kanarischen Inseln. Beiträge zur Küstenentwicklung und Talbildung auf einem vulkanischen Archipel. - Schriften des Geographischen Instituts der Universität Kiel, XXXIV, 3, Kiel.

LAUER, W. & FRANKENBERG, P. (1979): Zur Klima- und Vegetationsgeschichte der westlichen Sahara. - Akademie der Wissenschaften und der Literatur Mainz, Abh. d. math.-naturwiss. Klasse, 1.

MÜLLER, J. (1969): Mineralogisch-sedimentpetrographische Untersuchungen an Karbonatsedimenten aus dem Schelfbereich um Fuerteventura und Lanzarote (Kanarische Inseln). - Diss. Heidelberg.

OYAMA, M. & TAKEHARA, H.(1970): Revised Standard Soil Color Charts. - 2. Auflage.

PACHUR, H.-J. & BRAUN, G. (1980): The Paleoclimate of the Central Sahara, Libya and the Libyan desert. - Palaeooecology of Sahara, 12, 351-363.

ROTHE, P. (1966): Zum Alter des Vulkanismus auf den östlichen Kanaren. - Soc. Sci. Fennica, Com. phys.-math., 31, 13.

ROTHE, P. (1967): Prävulkanische Sedimentgesteine auf Fuerteventura (Kanarische Inseln). - Die Naturwissenschaften, 54, 4, 366-367.

ROTHE, P. (1968): Mesozoische Flyschablagerungen auf der Kanareninsel Fuerteventura. - Geologische Rundschau, 58, 314-322.

SCHÜLKE, H. (1973): "Schildkrötenmuster" und andere Polygonstrukturen auf Felsoberflächen. - Ztschr. f. Geomorphologie, 17, 474-488.

SCHULZ, E. (1974): Pollenanalytische Untersuchungen quartärer Sedimente des Nordwest-Tibesti. Forschungsstation Bardai. - Freie Universität Berlin, 5, 59-69.

TIETZ, G.-F. (1969): Mineralogische, sedimentpetrographische und chemische Untersuchungen an quartären Kalkgesteinen Fuerteventuras (Kanarische Inseln, Spanien).- Diss. Heidelberg.

WILLIAMS, G.E. (1970): Piedmont sedimentation and late quaternary chronology in the Biskra region of the nothern Sahara. - Ztschr. f. Geomorphologie, Suppl. Bd. 10, 40-63.

7. Abbildungen

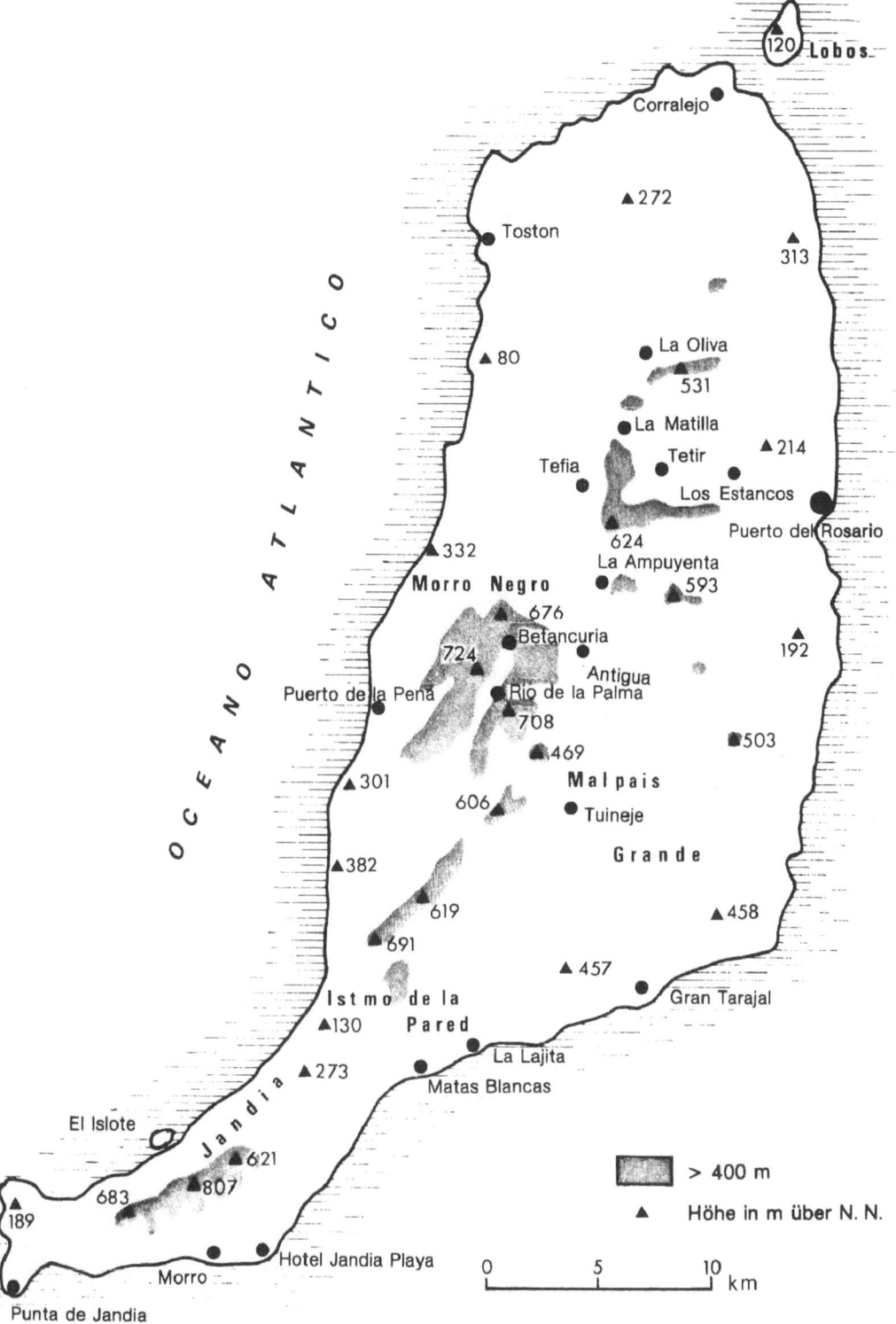

Abb. 1: Lage der Untersuchungsgebiete auf Fuerteventura

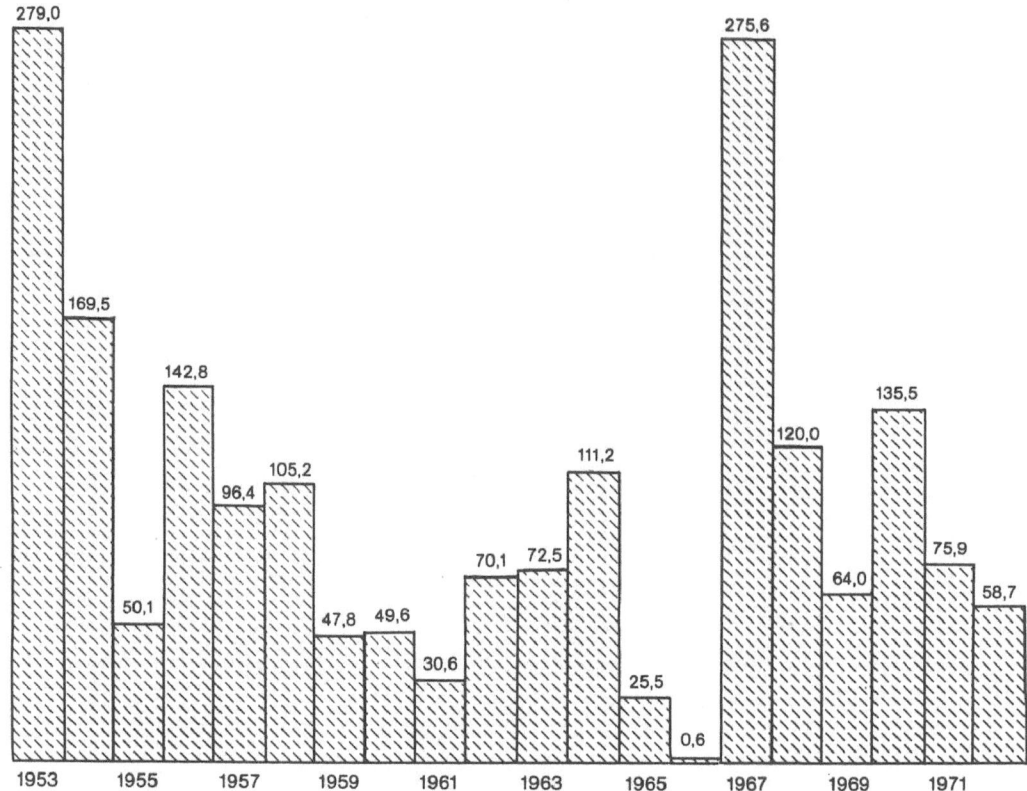

Abb. 2: Jahressummen der Niederschläge auf der Insel Fuerteventura in mm

- 31 -

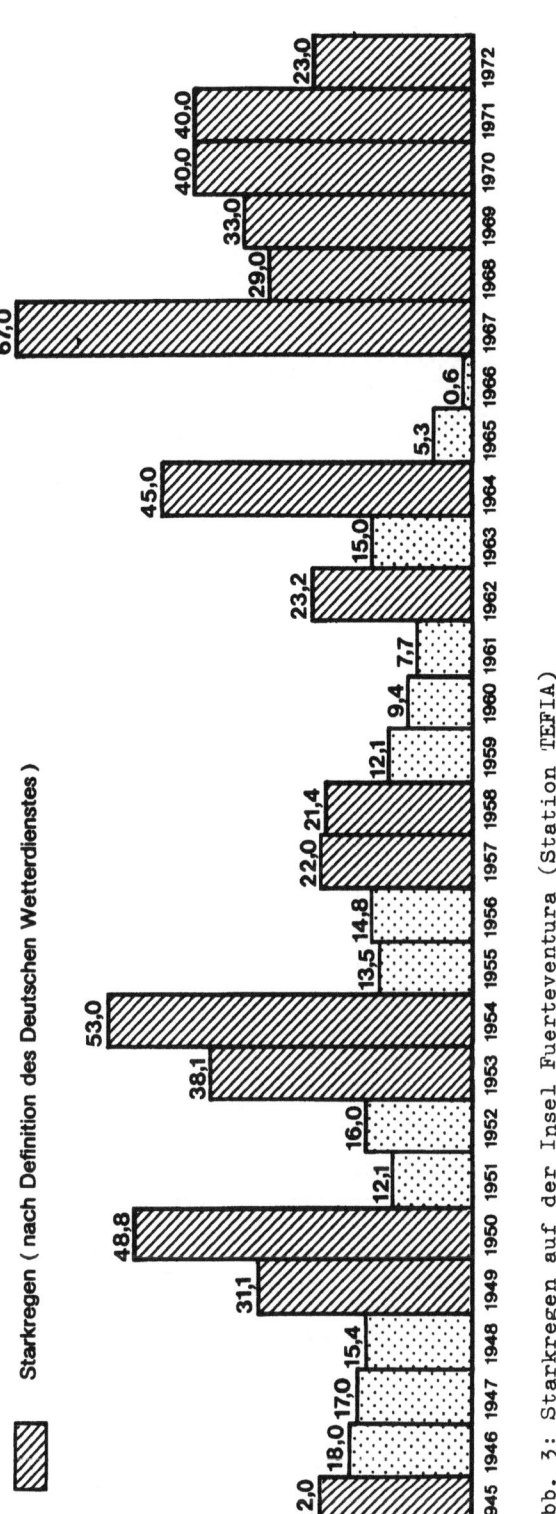

Abb. 3: Starkregen auf der Insel Fuerteventura (Station TEFIA)

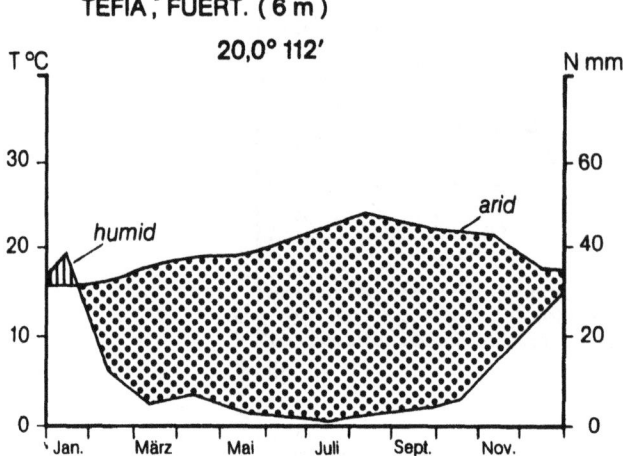

Abb. 4: Klimadiagramm der Station TEFIA

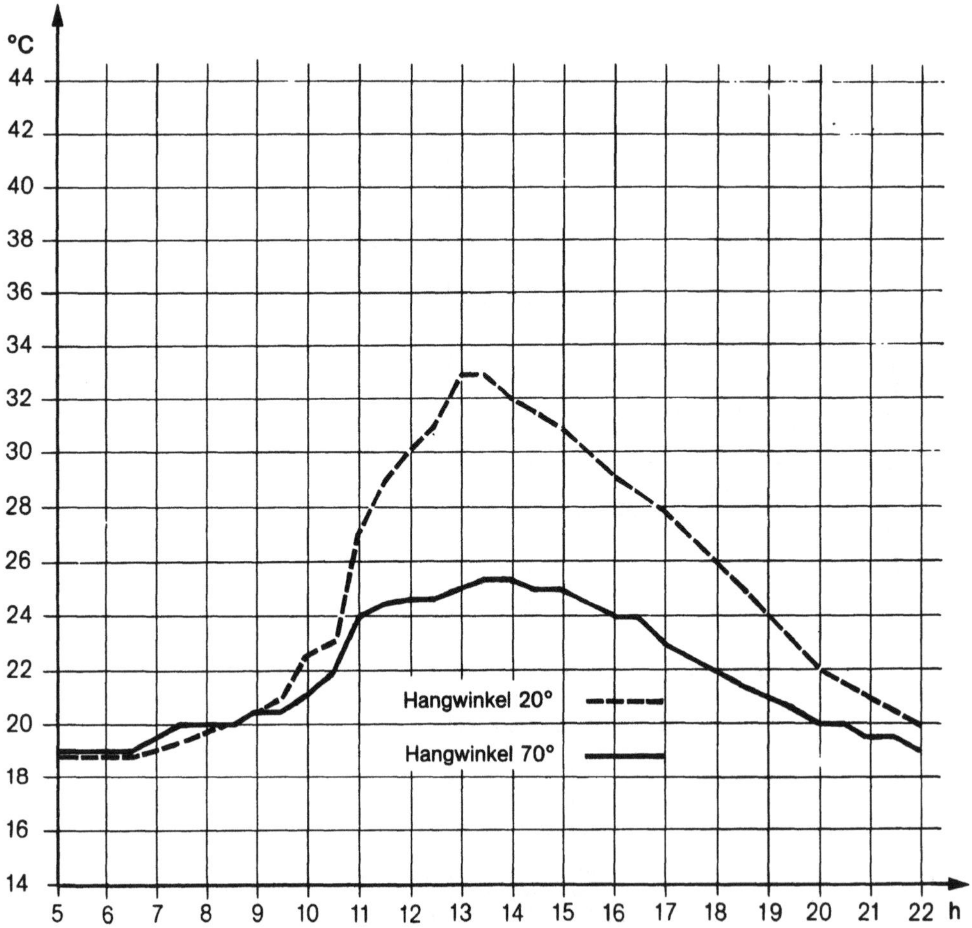

Abb. 5: Temperaturgänge an der Oberfläche des Kalksandsteins
200 m über NN, Nord-Exposition

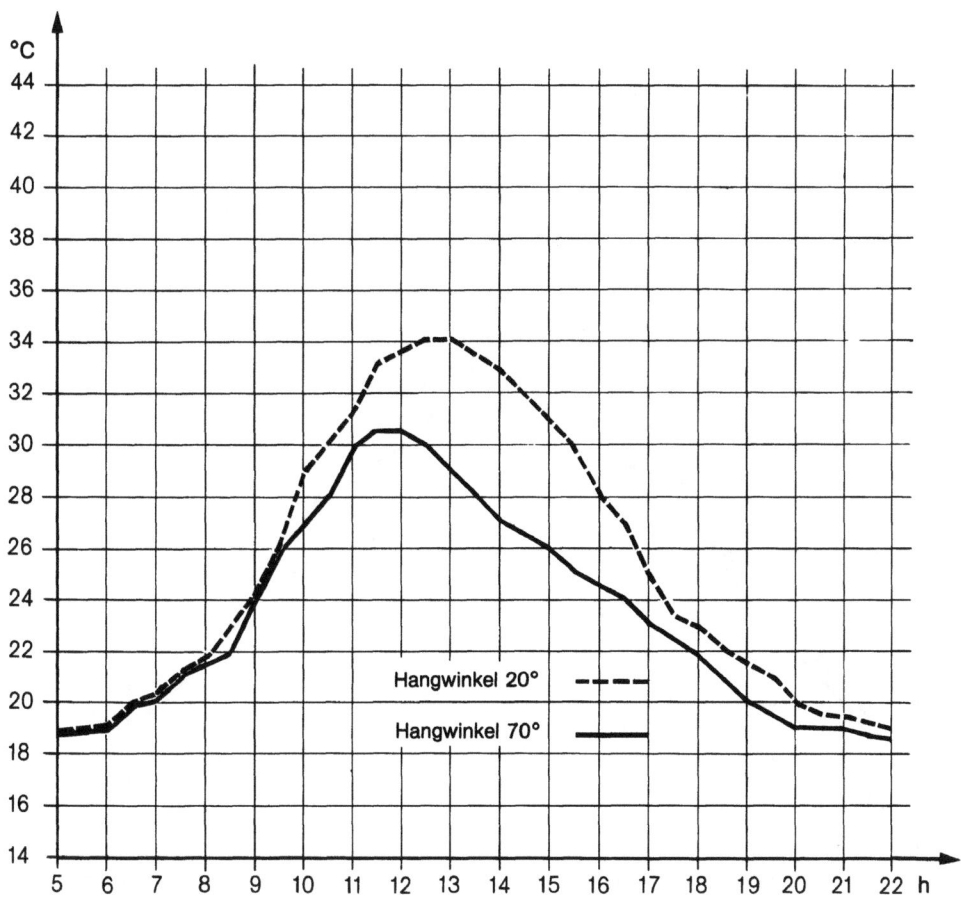

Abb. 6: Temperaturgänge an der Oberfläche des Kalksandsteins 200 m über NN, Nordost-Exposition

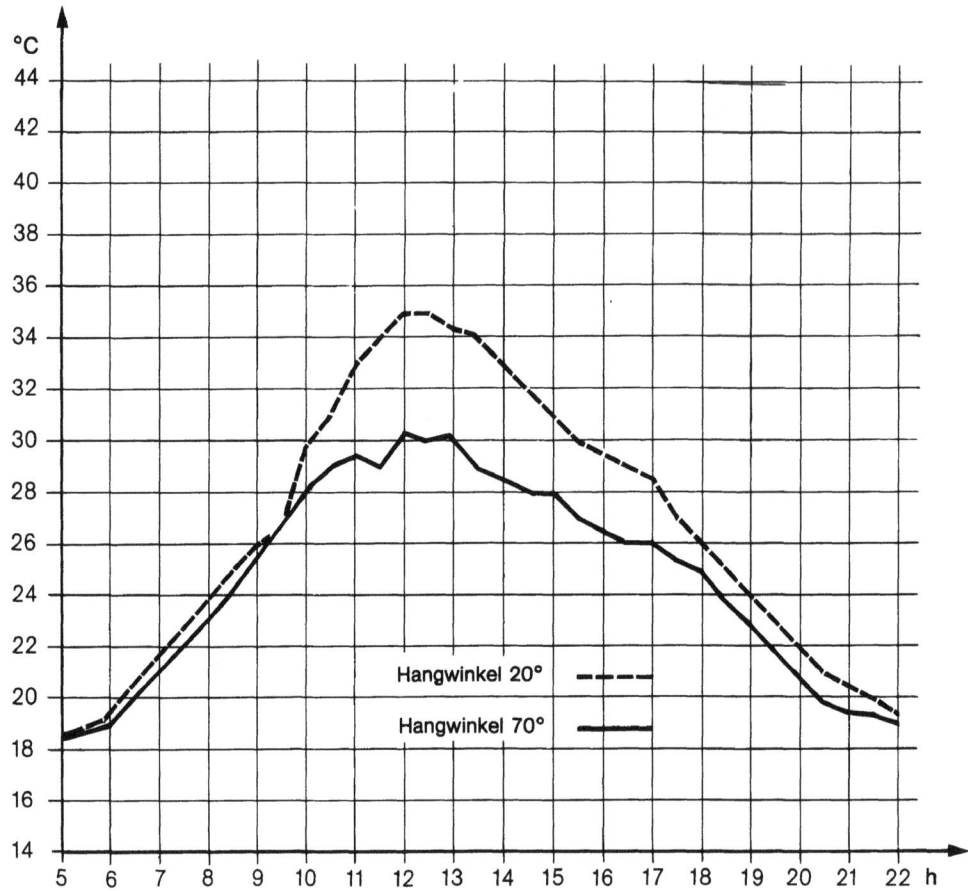

Abb. 7: Temperaturgänge an der Oberfläche des Kalksandsteins
200 m über NN, Ost-Exposition

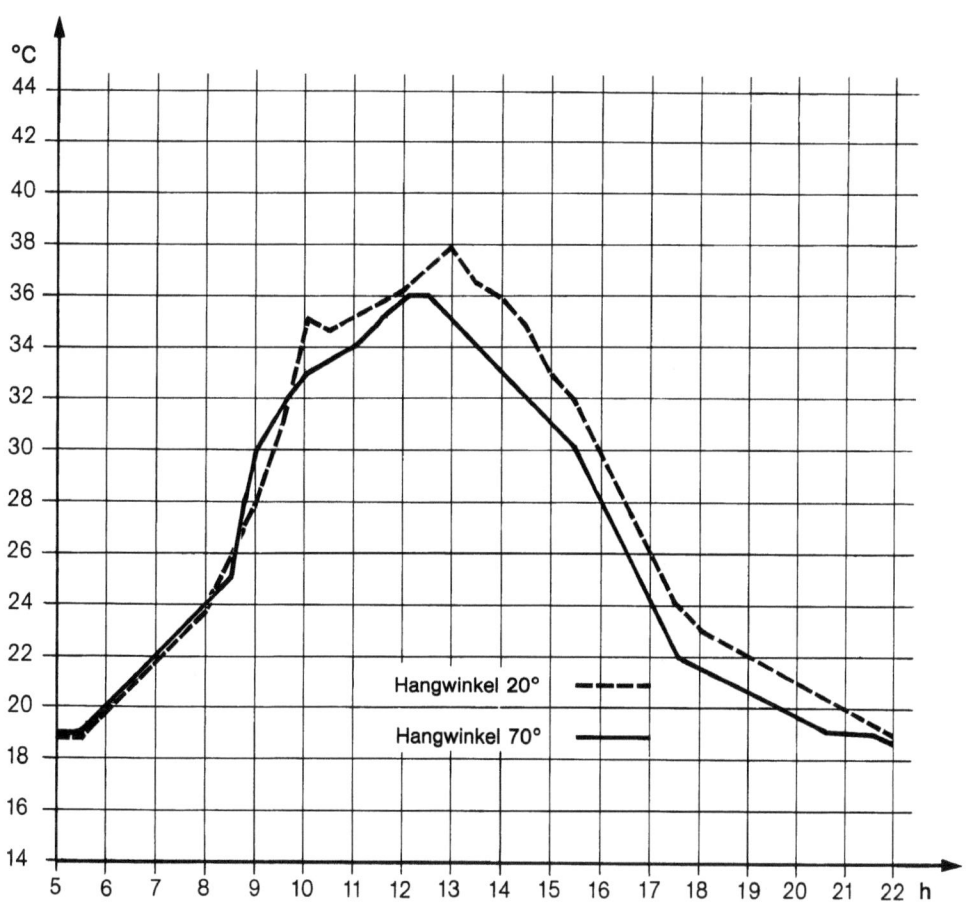

Abb. 8: Temperaturgänge an der Oberfläche des Kalksandsteins
200 m über NN, Südost-Exposition

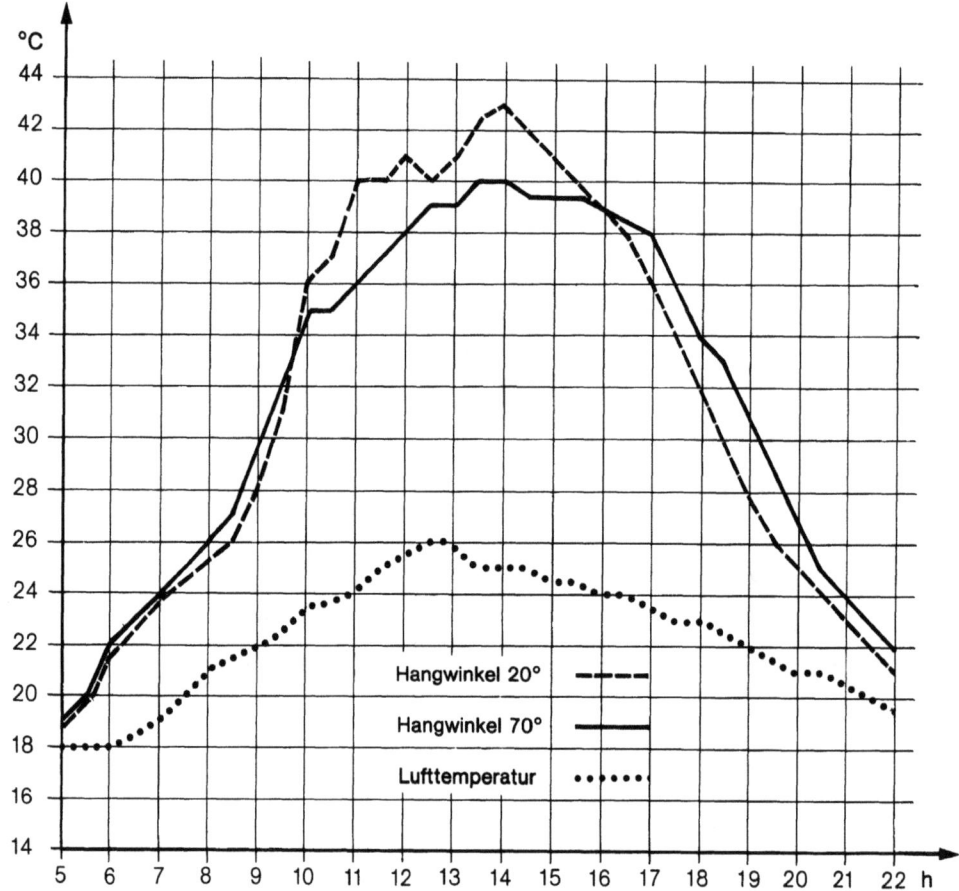

Abb. 9: Temperaturgänge an der Oberfläche des Kalksandsteins und der Luft in 200 m über NN, Süd-Exposition

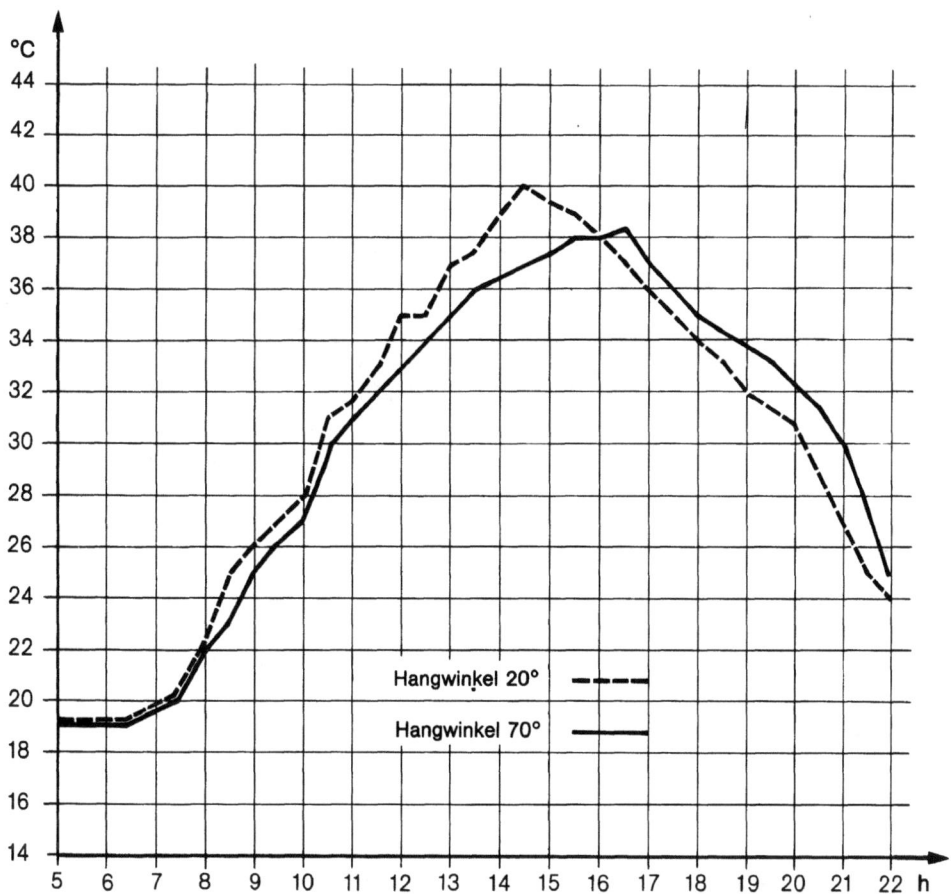

Abb. 10: Temperaturgänge an der Oberfläche des Kalksandsteins 200 m über NN, Südwest-Exposition

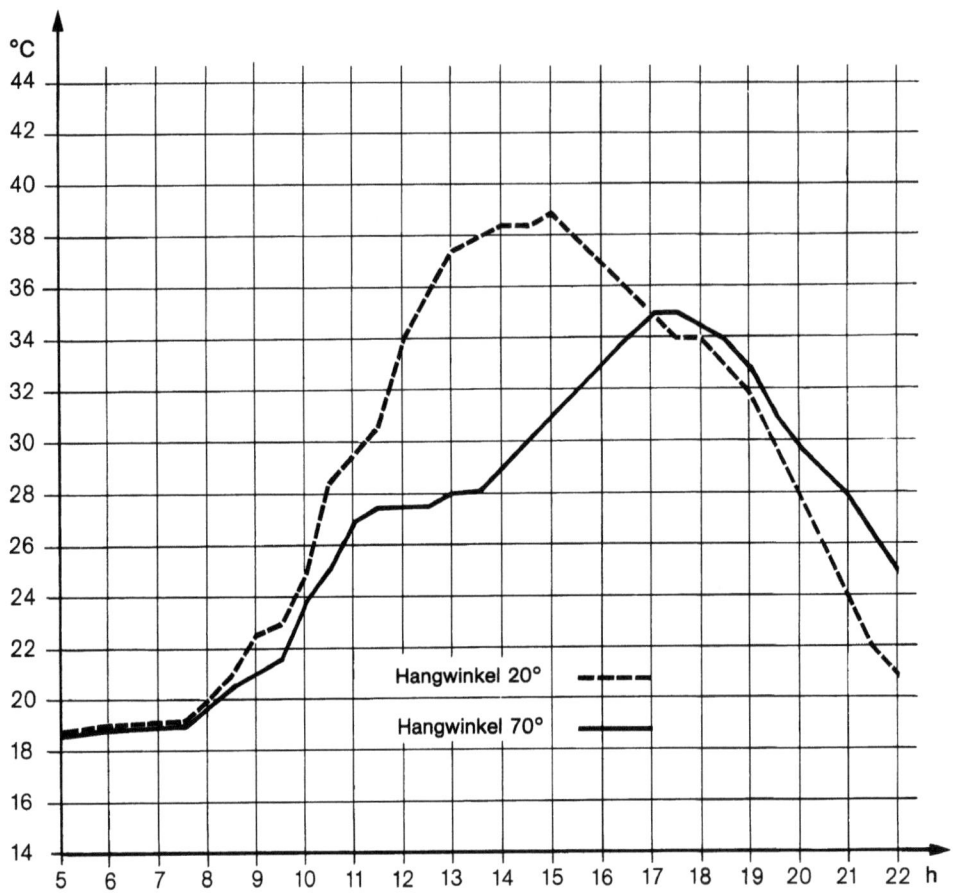

Abb. 11: Temperaturgänge an der Oberfläche des Kalksandsteins 200 m über NN, West-Exposition

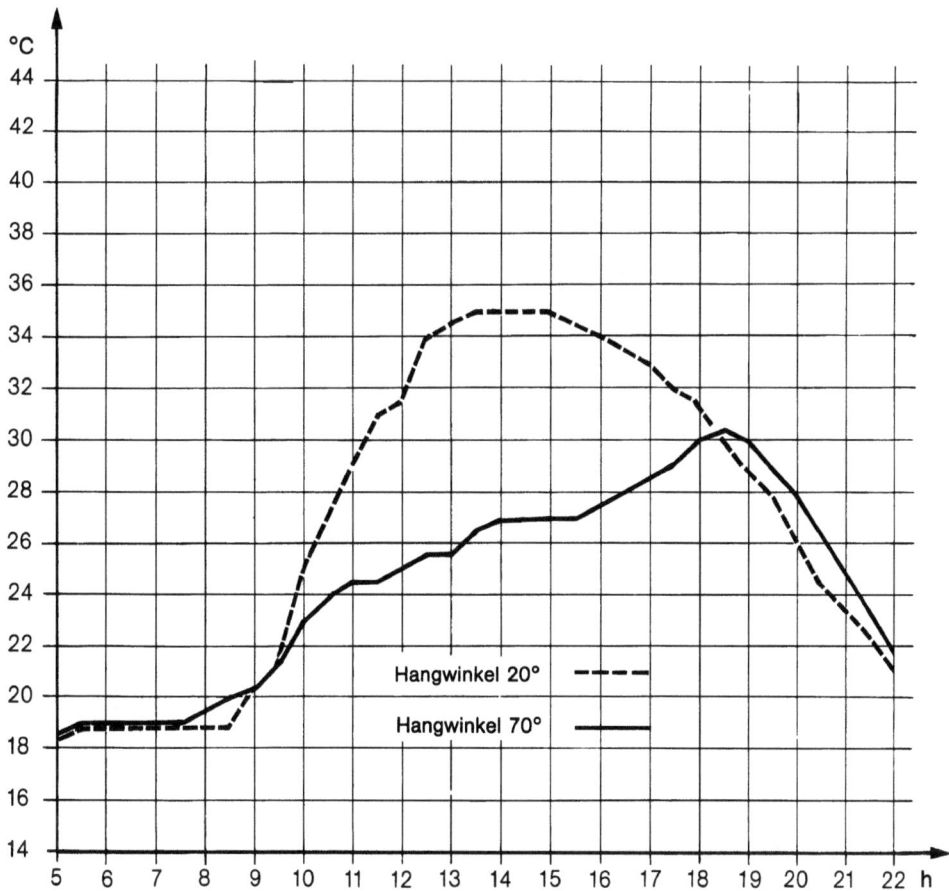

Abb. 12: Temperaturgänge an der Oberfläche des Kalksandsteins 200 m über NN, Nordwest-Exposition

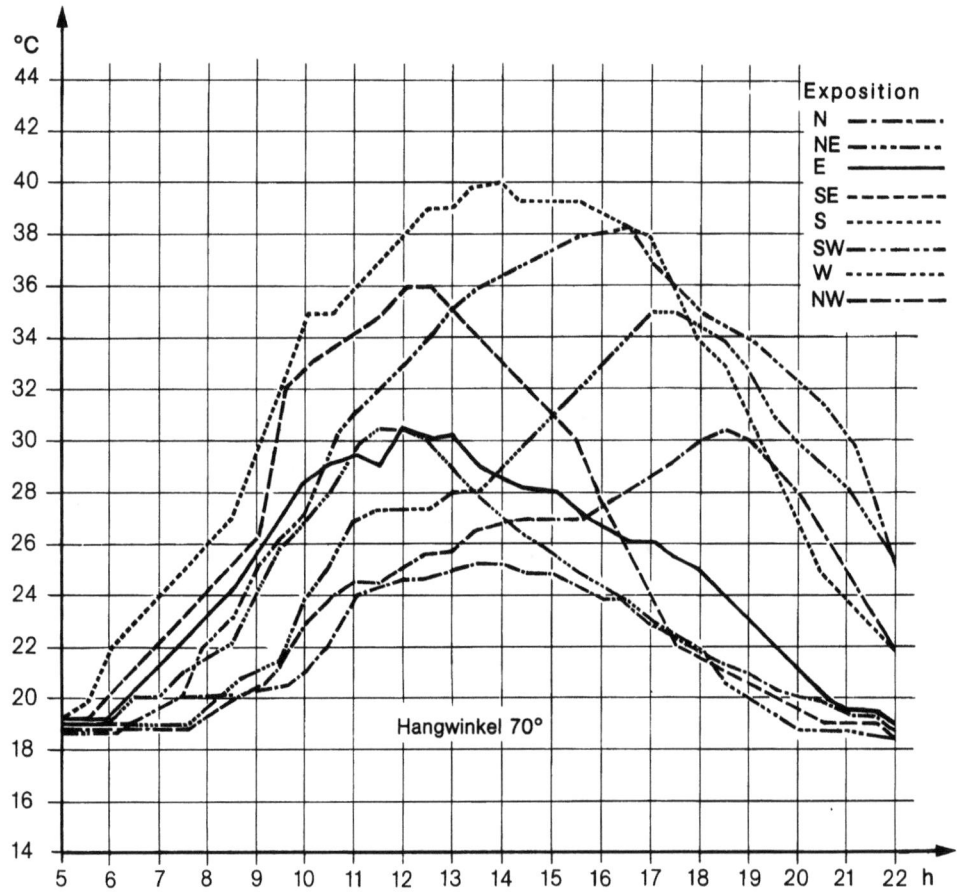

Abb. 13: Temperaturgänge an der Oberfläche des Kalksandsteins
200 m über NN, Hangwinkel 70° (alle Expositionen)

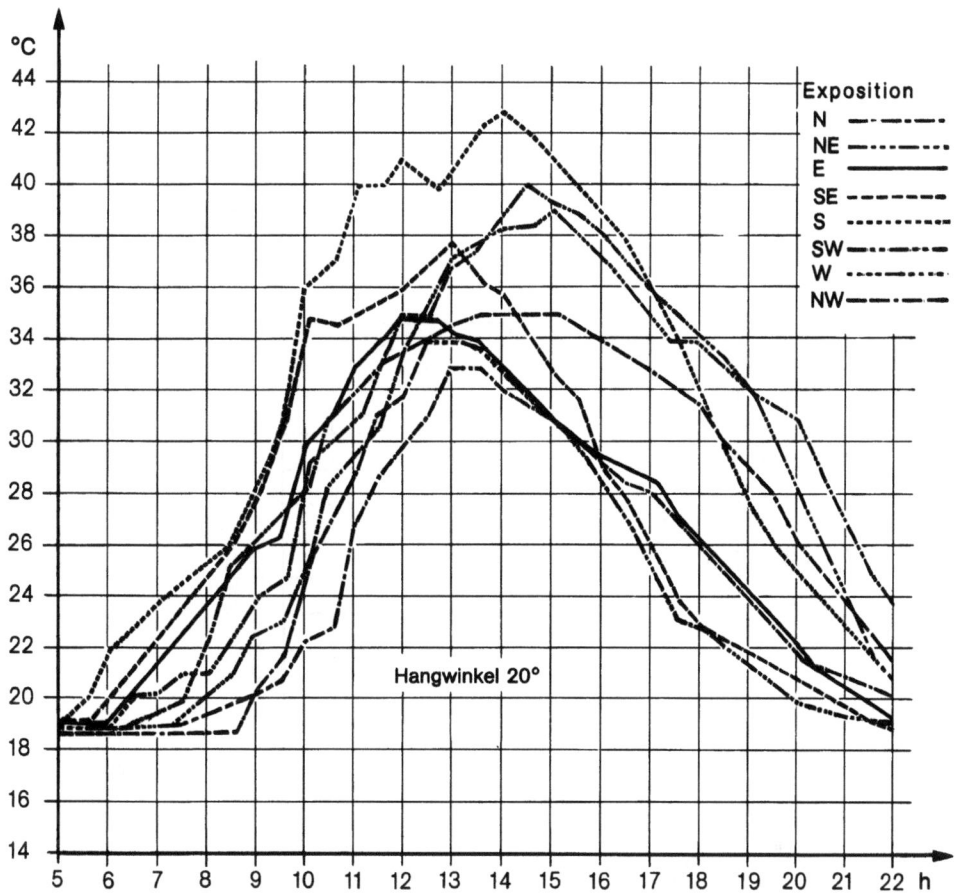

Abb. 14: Temperaturgänge an der Oberfläche des Kalksandsteins
200 m über NN, Hangwinkel 20° (alle Expositionen)

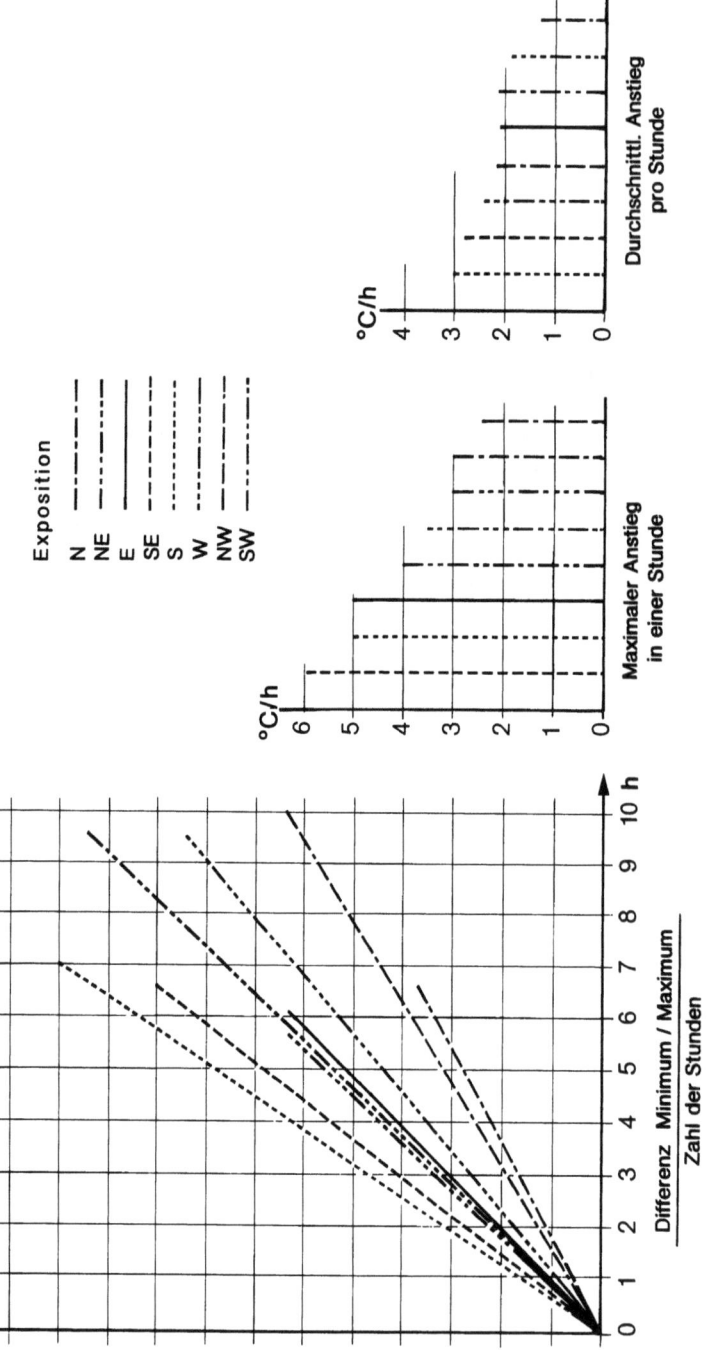

Abb. 15: Gang der Temperatur an Oberflächen des Kalksandsteins Hangwinkel 70° (Anstiege pro Zeiteinheit)

- 43 -

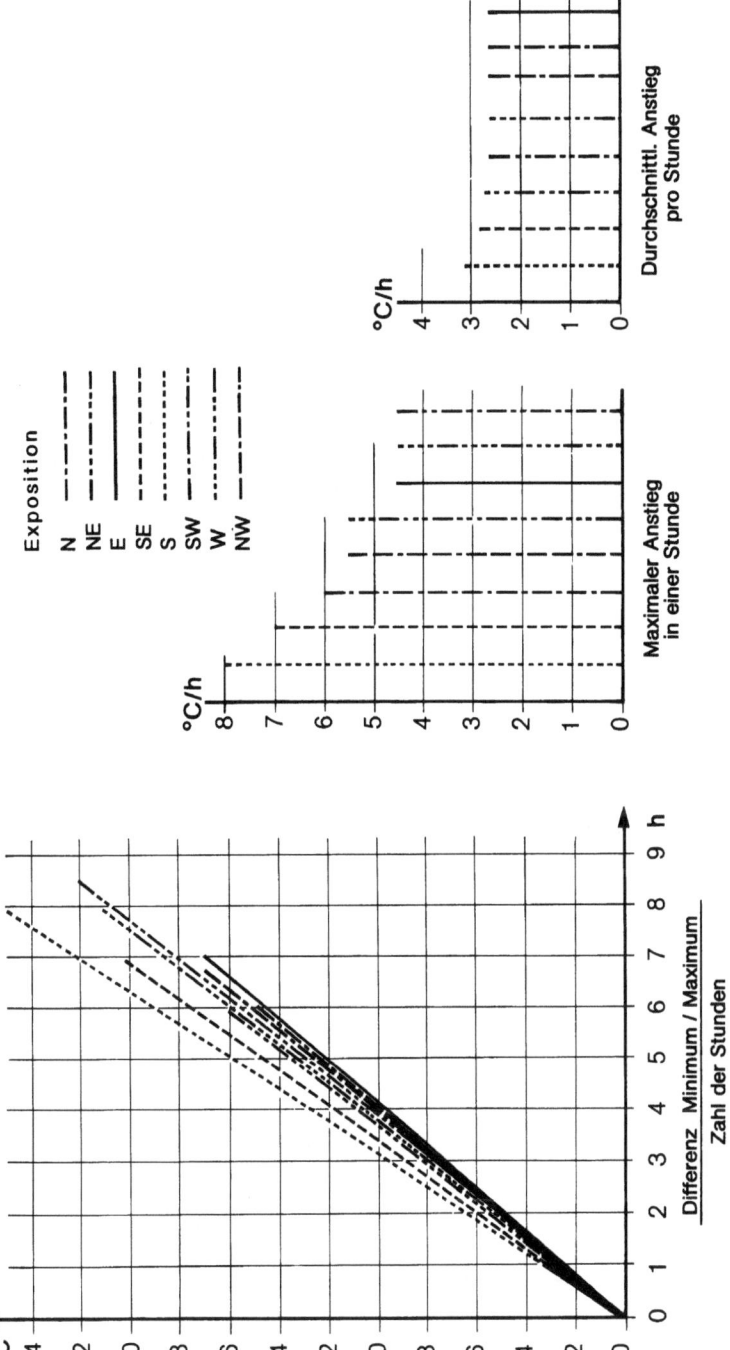

Abb. 16: Gang der Temperatur an der Oberfläche des Kalksandsteins Hangwinkel 20° (Anstiege pro Zeiteinheit)

- 44 -

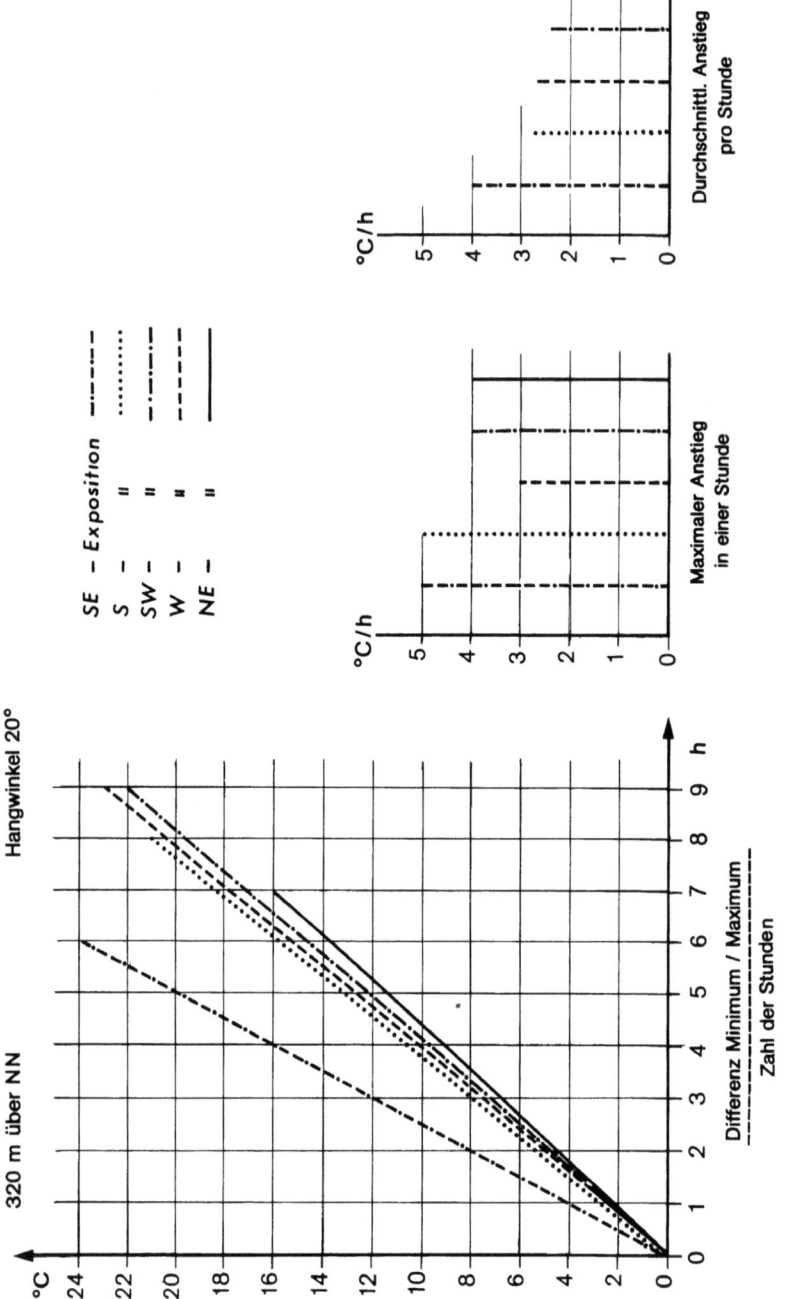

Abb. 17: Gang der Temperatur an der Oberfläche des Basalts
(Hangwinkel 20° (Anstiege pro Zeiteinheit)

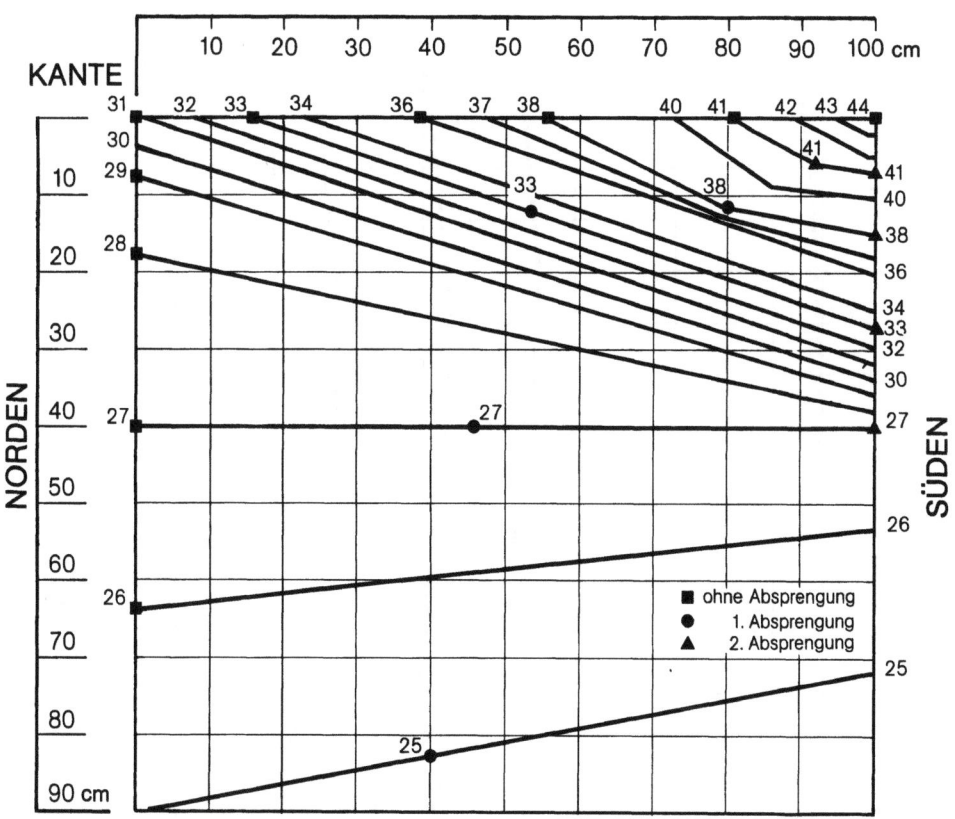

Abb. 18: Isothermen an und in einer Kalksandsteins-Felskante (200 m über NN, 1 km nordwestlich von Morro, Halbinsel Jandia) 29.9. 1980 (gegen 13 Uhr)

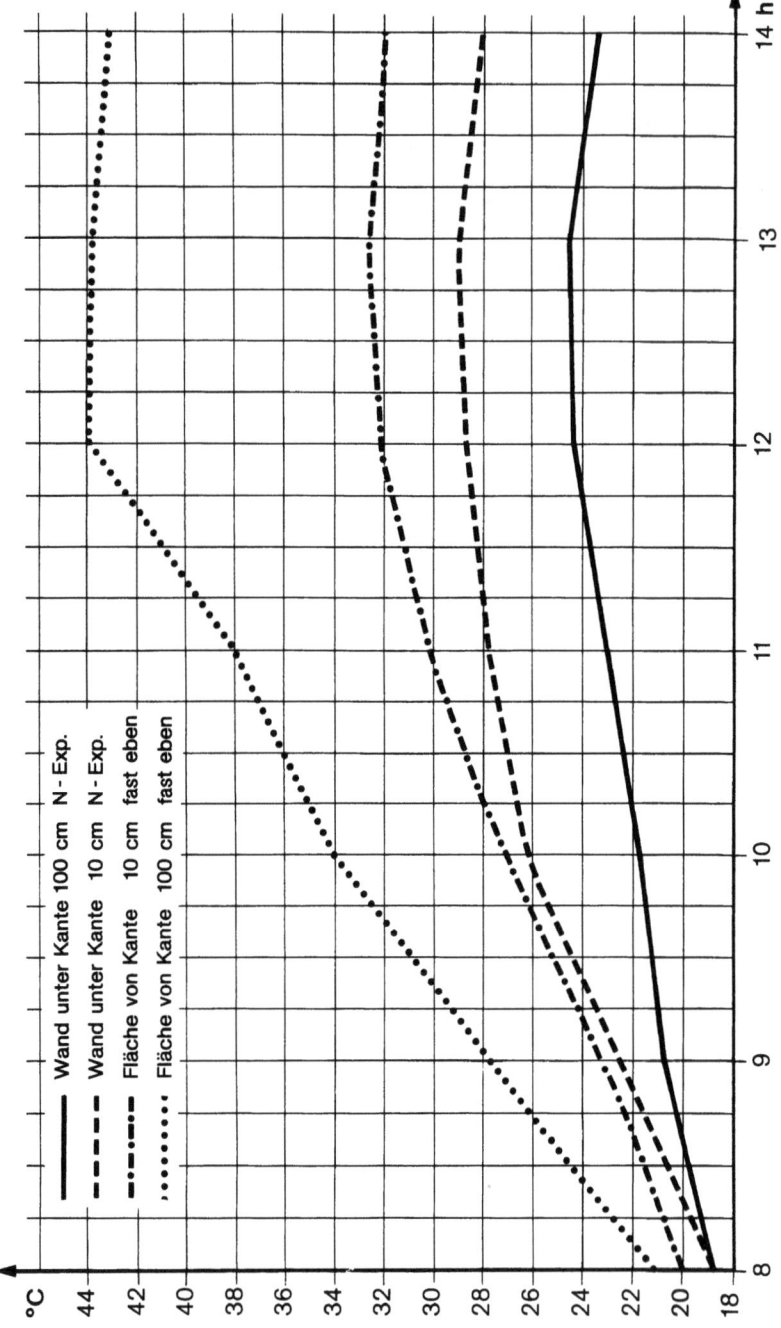

Abb. 19: Gang der Temperatur an einer Kalksandsteinswand bzw. -fläche in verschiedenen Entfernungen von der Kante

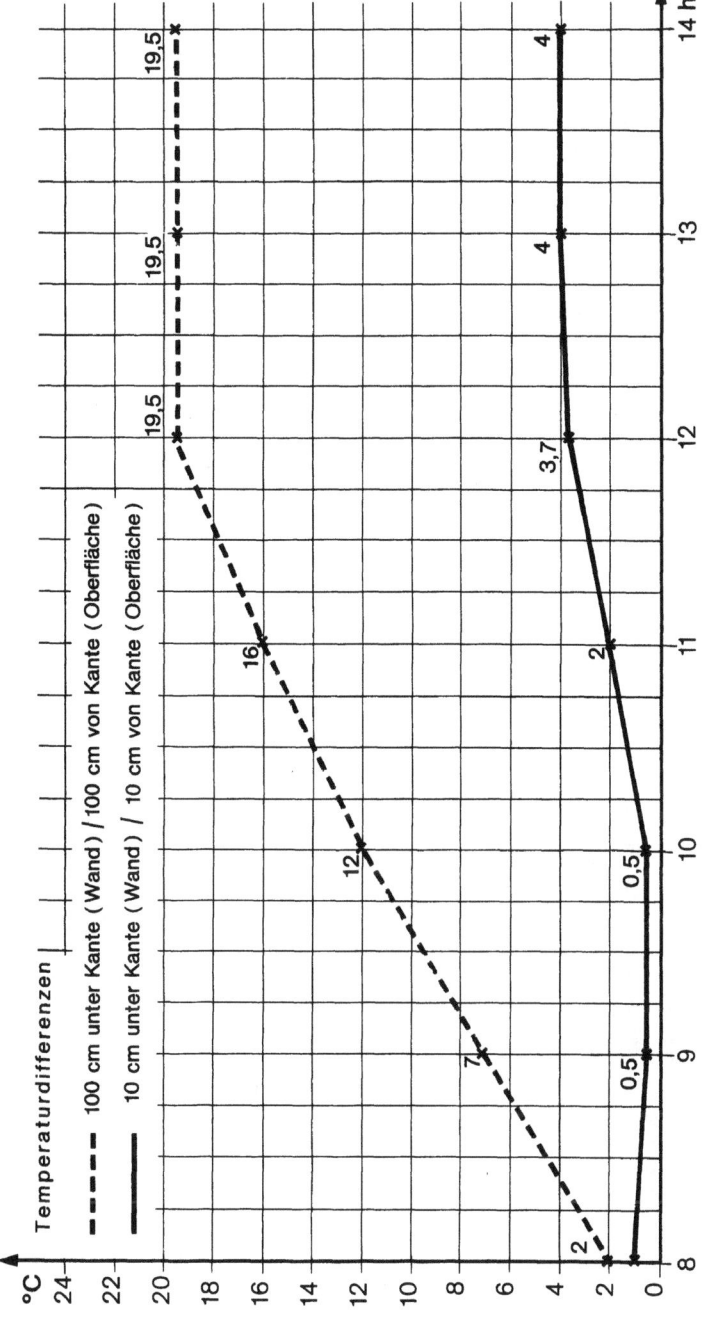

Abb. 20: Temperaturdifferenzen an einer Kalksandsteinswand bzw. fläche bei gleichen Entfernungen von der Kante

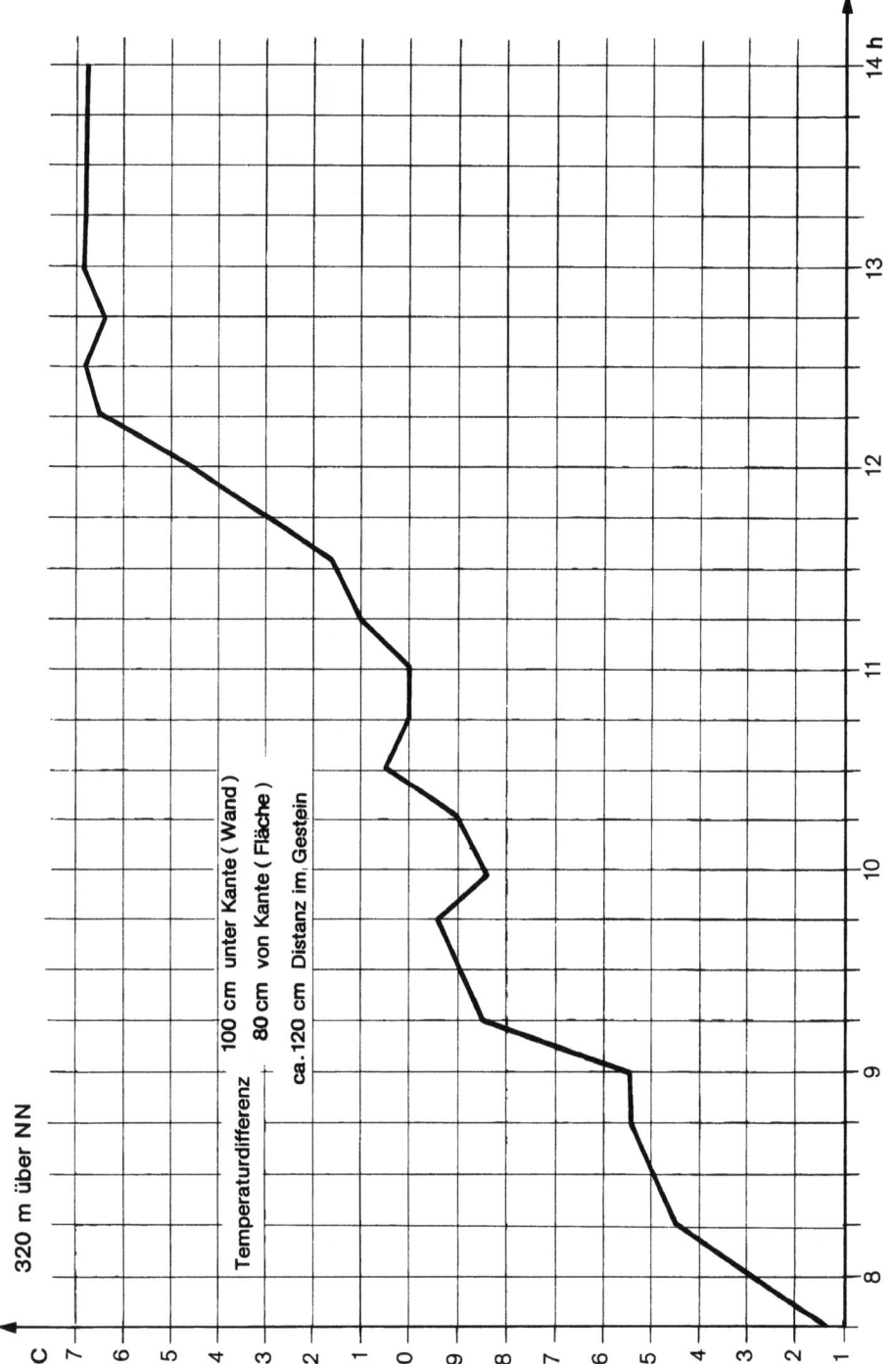

Abb. 21: Temperaturdifferenzen an einer Basalt-Felskante bzw. -fläche bei etwa gleicher Entfernung von der Kante

# FORSCHUNGSBERICHTE
des Landes Nordrhein-Westfalen

*Herausgegeben
vom Minister für Wissenschaft und Forschung*

Die „Forschungsberichte des Landes Nordrhein-Westfalen" sind in zwölf Fachgruppen gegliedert:

Geisteswissenschaften
Wirtschafts- und Sozialwissenschaften
Mathematik / Informatik
Physik / Chemie / Biologie
Medizin
Umwelt / Verkehr
Bau / Steine / Erden
Bergbau / Energie
Elektrotechnik / Optik
Maschinenbau / Verfahrenstechnik
Hüttenwesen / Werkstoffkunde
Textilforschung

SPRINGER FACHMEDIEN WIESBADEN GMBH

MIX
Papier aus verantwortungsvollen Quellen
Paper from responsible sources
FSC® C105338

If you have any concerns about our products,
you can contact us on
**ProductSafety@springernature.com**

In case Publisher is established outside the EU,
the EU authorized representative is:
**Springer Nature Customer Service Center GmbH
Europaplatz 3, 69115 Heidelberg, Germany**

Printed by Libri Plureos GmbH
in Hamburg, Germany